基于 AUV 的侧扫声呐水下目标实时智能探测技术研究与应用

金绍华　汤寓麟　著

科学出版社

北京

内 容 简 介

针对 AUV 搭载侧扫声呐测量面临因水声通信限制导致侧扫声呐数据无法实时回传、处理以及目标实时探测等难题，本书开展了基于 AUV 的侧扫声呐水下目标实时智能探测技术研究与应用，建立了基于 AUV 的侧扫声呐水下目标实时智能探测系统及探测机制，提出了数据实时处理、高代表样本扩增、实时智能探测模型构建三个技术方法，形成了基于 AUV 的、较为完备的侧扫声呐水下目标实时智能探测技术体系，并解决了"高质量输入-高性能探测-实战化应用"各个环节的技术难题，实现了基于该系统的水下目标实时智能探测。

本书可供关注水下目标探测领域研究的读者阅读参考。

图书在版编目（CIP）数据

基于 AUV 的侧扫声呐水下目标实时智能探测技术研究与应用 / 金绍华，汤寓麟著. -- 北京 ： 科学出版社，2024. 11. -- ISBN 978-7-03-080155-5

Ⅰ. TH766-39

中国国家版本馆 CIP 数据核字第 2024A826A8 号

责任编辑：崔　妍 / 责任校对：何艳萍
责任印制：赵　博 / 封面设计：无极书装

科学出版社 出版

北京东黄城根北街 16 号
邮政编码：100717
http://www.sciencep.com

北京中科印刷有限公司印刷
科学出版社发行　各地新华书店经销
*

2024 年 11 月第 一 版　开本：720×1000　1/16
2025 年 1 月第二次印刷　印张：10 3/4
字数：220 000
定价：148.00 元
（如有印装质量问题，我社负责调换）

目　　录

第1章 绪　　论

1.1　选题背景及意义

21 世纪以来，随着海洋资源开发与利用的日益深入，水下目标探测成为了海洋科学研究与工程技术领域的核心关注点之一。然而，传统的水下探测方法受限于环境、效率与准确性，难以满足对海洋资源进行高效、精确探测的迫切需求。因此，如何实时、智能、隐蔽地对水下目标进行探测与要素收集起着至关重要的作用[1-3]。

目前水下目标探测的方法主要包括声学探测、磁法探测、光学探测、电法探测等[3-6]，声波因其可在水中远距离传播的特性成为目前主流的水下目标探测方式，其中侧扫声呐较其他声学成像系统有较高的扫幅和成像分辨率，且体积小、安装方便、价格低廉，在水下目标探测中应用广泛[7-10]。传统的侧扫声呐水下目标探测主要由母船搭载侧扫声呐设备，并采用拖曳的方式进行，但是该方式无法深入敏感、偏远的区域进行目标探测，作业范围受到很大的限制。

自治式潜水器（autonomous and underwater vehicle，AUV）因其较强的自主航行能力，可以在危险、偏远、敏感以及人力不可达区域的复杂海洋环境下开展自由巡航，极大地扩展了船载、载人潜器或有缆潜器的作业能力与探测范围，被视为海上力量的"倍增器"[11-15]，因此联合 AUV 和侧扫声呐的组合探测技术是实施大面积、敏感区域水下目标探测的理想技术。

考虑到在水下由于电磁波能量被大量吸收和散射，同时在敏感区域因避免暴露而无法使用卫星通信的情况，水声通信是 AUV 水下远距离通信的最佳选择[16-17]。但是，由于水声通信带宽的限制，导致大量的数据无法实时回传，需要回收 AUV 或择机上浮传输才能获得数据，大大降低了数据接收的时效性，无法满足现阶段特殊场景的应用需求。因此，必须开展基于 AUV 的侧扫声呐水下目标实时智能探测技术研究与应用。

目前基于 AUV 的侧扫声呐水下目标实时智能探测技术面临如下问题：

（1）基于 AUV 和侧扫声呐的系统集成及探测机制尚未形成

尽管 AUV 和侧扫声呐在其各自领域内具有较强的功能，但如何将两者高效地进行系统集成以实现更强大的水下目标探测仍然是一个重大的技术挑战。此外，建立一个稳定、高效且适应性强的水下目标探测机制也尚在研究之中。

（2）侧扫声呐在航条带数据处理及高质量成图技术尚不完善

由于海洋环境噪声的影响和水声信号的时变性与空变性，导致侧扫声呐图像存在分辨率低、特征贫瘠且稀疏以及噪声复杂的特性。尽管众多学者已对此进行了大量的研究，但多为基于船载侧扫声呐数据的事后处理，由于缺少先验信息，限制了数据的实时处理及高质量图像获取。因此，亟须开展基于 AUV 的实时处理技术的研究。

（3）满足侧扫声呐图像特征的高代表样本扩增技术需要深入

由于侧扫声呐图像采集成本高且目标稀少，样本数量和代表性不足。尽管借助跨域转换和风格迁移等方法可以实现样本的大量扩增，但代表性以及真实性还有进一步优化空间，对基于深度学习的目标探测网络泛化能力和精度提升有限。因此，如何扩增高代表性的样本以满足智能探测模型训练的需求变得尤为重要。

（4）适配 AUV 算力的轻量化检测模型及实时检测技术研究需要开展

现有的水下目标探测模型往往结构复杂，对计算资源的需求较大，这使得它们在 AUV 计算能力受限的平台上难以实现效率和性能的平衡。因此，有必要研究针对 AUV 算力的轻量化检测模型并配套在航实时检测技术。

（5）高精度目标分割模型及关键信息提取技术研究需要开展

侧扫声呐图像的目标智能分割和关键信息提取是水下目标探测的关键步骤。目前研究的水下目标分割模型难以满足复杂情况下的高精度、实时分割需求，为了进一步提高准确率和效率，需要研究更先进的高精度分割模型并优化关键信息提取技术。

上述问题已成为 AUV 搭载侧扫声呐实现水下目标实时智能探测的制约。为此，本书以 AUV 为载体平台，侧扫声呐为水下目标探测装备，以沉船和水雷目标作为水下目标代表，开展基于 AUV 的侧扫声呐水下目标实时智能探测技术研究与应用，旨在建立基于 AUV 的侧扫声呐水下目标探测系统及探测机制，解决数据实时处理、高代表样本扩增、实时智能探测模型构建三个技术难题，打通"高质量输入-高性能探测-实际化应用"的全链路，实现实时、智能、隐蔽的水下目标探测。

1.2　国内外研究现状

由前所述，基于 AUV 的侧扫声呐水下目标实时智能探测技术主要包括两大部分，一是基于 AUV 的侧扫声呐平台系统，二是基于侧扫声呐的水下目标探测的关键技术，因此本文系统总结了这两方面的国内外研究现状。

1.2.1 平台系统研究现状

1.2.1.1 AUV 平台

AUV 是本文研究的平台载体。AUV 在将潜艇的特性保持下来的同时，还可凭借其自主作业能力担负危险、偏远、敏感等复杂海洋环境下水下目标探测、水下隐蔽监视侦察、水雷反制以及反潜作战、海洋环境调查、海洋资源开发等任务[18-22]，极大地扩展了船载、载人潜器或有缆潜器的作业能力与探测范围。

自美国于 20 世纪 60 年代研发出世界上第一代 AUV 后，众多国家都在这一领域投入大量资源进行深入研究和产品开发[23]。英国、法国、德国、俄罗斯等国都相继推出一系列具有创新性的 AUV 装备，如泰利斯曼、Alister、海獭 MK 以及 MT-88 等。在应用场景中，军事和商业领域已经成为 AUV 技术的主要应用方向，例如 LBS-AUV、海狮、X-Ray 等型号广泛应用于海洋环境调查、海底地图绘制和资源勘察等任务，而 REMUS-600S、SAHRV、Gavia 和 MT-88 等型号则用于执行反水雷和军事侦查等特定的任务，这表明 AUV 技术不仅满足了商业需求，并在国防和军事领域发挥了越来越关键的作用。国外 AUV 产品概况如表 1.1。

表 1.1　国外 AUV 产品概况

类型	国家	型号	用途	外形/m	重量/kg	航速/kn	续航/h
微型	美国	SAHRV	反水雷	长 1.6，直径 0.19	36	4.5	>10
		剑鱼		长 1.6，直径 0.19	36	3～5	22
轻型	法国	Alister-9	反水雷	长 1.7～2.5	50～90	2～3	24
	印度	玛雅	海洋环境调查	长 1.74，直径 0.234	54.7	2～4	4～6
	美国	LBS-Glider		长 1.5，直径 0.22	54	0.68	最大 5 年
		金枪鱼-9	反水雷	长 1.75，直径 0.24	60.5	5	12
		Gavia		长 2.6，直径 0.2	62	5.5	7
中型	美国	SMCM 增量 1	反水雷	长 3.77，直径 0.32	213	5	26
		SMCM 增量 2					
		王鱼		长 3.25，直径 0.324	240	5	70
		REMUS-600S		长 4.27，直径 0.324	326	4.5	24
		LBS-AUV	情报侦察	直径 0.324	重型	10	>24
		BPAUV	反水雷	长 3.3，直径 0.53	330	4.5	25
		X-Ray	海洋环境调查	1.68×6.1×0.69	850	0.58	200

续表

类型	国家	型号	用途	外形/m	重量/kg	航速/kn	续航/h
中型	俄罗斯	泰菲洛娜斯	失事潜艇搜索	长 3.5，直径 0.8	750	3.9	35
		MT-88		长 3.8，直径 1.12	1150	2	6
		管道海狮	海底地图绘制	长 3.03，直径 0.64	320	2.4	8
	英国	泰利斯曼	反水雷	4.75×2.25×1.1	1200	0～5	12～24
	挪威	休金 1000		长 4.5，直径 0.75	850	2～6	20
	德国	海獭 MK II		3.45×0.98×0.48	1100	0～8	24
		海獭 MK I		4.5×1.2×0.6	1500	0.5～5	7（铅酸）15（镍镉）
	瑞典	双鹰 SAROV		2.9×1.3×1.0	540	0～8	>10
		AUV62-MR		长 7，直径 0.53	1000	0～20	—
重型	美国	LDUUV	侦察、察打一体、反水雷	长 13.5，直径 1.5	约 10t	—	预期 120 天
		MANTA		10.4×2.44×0.9	约 7t	0～10	5kt5 10kt0.7

我国于 20 世纪 80 年代开始研制 AUV 系统平台，先后研发出一系列的 AUV 装备产品，并在深度、续航等技术指标上取得了进展，大力推动了水下目标探测、海洋环境监测、海底资源探测、海洋权益维护、军事任务开展等领域的发展。

我国研究 AUV 的主要机构包括：中国船舶重工 702 与 710 研究所、中国科学院沈阳自动化研究所、哈尔滨工程大学、天津大学、西北工业大学和国家海洋技术中心等。早在 20 世纪 90 年代初，中国科学院沈阳自动化研究所与中国船舶重工 702 所等联合打造了我国首款 AUV——"探索者"号，它在南海实现了深潜至 1000m 的壮举，这标志我国 AUV 技术已转向深海领域。20 世纪 90 年代中叶，得益于"863 计划"资助，中国科学院沈阳自动化研究所再度创新研发出深度达 6000m 的"CR-01"AUV，并于 1995 年及 1997 年两度潜达 5270m 深海，为我国圈定海底矿产资源提供了坚实证据。基于此，2000 年还研发出了"CR-02"6000m AUV。在"十二五"计划期间，中国科学院沈阳自动化研究所推出的"潜龙"和"探索"系列 AUV，显示出我国深海探测设备已高度实用，尤其"潜龙"系列在我国海洋勘探中得到了大量实践证明。天津大学于 2003 年开展 AUV 技术研究，其独立研发的"海燕"系列已迭代至 Petrell-II 型，并发展出不同深度和类型的多款设备，在南海和青岛等多处实施过勘查任务，收获了丰富的海底地形地貌数据。哈尔滨工程大学的"智水"系列和中国船舶重工 710 所的大型远程 AUV 亦有多次成功应用。深之蓝公司的"鲨"系列是国内的中小型 AUV，它们在 2018 年"上合"峰会和 2019 年"一带一路"峰会的水下安保任务中表现出色，并与中国人民解放军海军研究院合作，助力海军完成多次水下搜探任务。

综上，我国的 AUV 研发虽然起步较晚，但发展较快，目前已经形成了适用于不同水深、作业环境和应用对象的系列产品，但在 AUV 与各载荷模块结合并开展特定场景的特定任务方面，比如搭载声呐设备进行水下目标探测，在系统组成、工作机制和特定场景下的应用方法等方面还处于起步阶段，有待进一步挖掘与深化。

1.2.1.2　侧扫声呐设备

侧扫声呐是本文研究中使用的探测设备，它是一种多功能、高分辨率的声学仪器，广泛应用于目标探测、海洋测绘、海洋地质及工程勘察等领域[24-26]。英国于 20 世纪 50 年代首创了侧扫声呐，美、德、法等国紧随其后开展舷挂式侧扫声呐的研发。随着科学技术水平的提升，侧扫声呐技术经历了飞速的革新，基于数字化技术的设备极大地推进了水下探测技术的进步。Klein、Konsberg、Deep Vsion 等知名厂商纷纷研发各自的产品并实现商业化，实现了高速拖曳的同时完成海底的全覆盖扫描。

20 世纪 80 年代起，我国的侧扫声呐设备迅速崭露头角，已成功推出系列化实用的侧扫声呐产品，并广泛应用于海洋调查、海事目标搜寻等领域[27, 28]。进入 21 世纪，我国加大了对海洋权益的维护力度，进而加速了侧扫声呐技术的国产化步伐。"十四五"期间，在大力推动装备国产化的背景下，我国目前主流的侧扫声呐大致可分为单频和双频，单频侧扫声呐型号主要包括：GeoSide500、iSide400、SS900U、Shark-S450U，双频侧扫声呐型号主要包括：GeoSide1400、iSide1400、iSide4900、Shark-S150D、SS3060、ES1000。

上述内容为传统舷挂式、拖曳式侧扫声呐设备的现状，而与传统侧扫声呐不同的是，AUV 使用的侧扫声呐主要为嵌入式设计。嵌入式侧扫声呐因其体积小、重量轻、功耗低、可靠性高、兼容性强等优点成为 AUV 重要载荷之一并被广泛使用[29, 30]。近年来，国外水下探测装备生产单位对嵌入式侧扫声呐投入了大量研发资源，诸如 Klein、Edgetech、Marine Sonic、Blueprint 以及 Deepvision 等知名侧扫声呐厂商均推出针对 AUV 设计的嵌入式侧扫声呐产品，包括：EdgeTech 2205、Klein AUV/UUV 3500、Deepvision BR-ROV、ARC Scout Mk II、Starfish453OEM 等，其中 Klein AUV/UUV 3500 和 ARC Scout Mk II 在体积、重量、性能、兼容性和使用场景等方面均处于领先地位，并在美国海军得到广泛应用。相较于国外，我国在嵌入式侧扫声呐方面的研究起步稍晚，主要的型号产品有海卓同创的 ES900、中海达 iside900 以及蓝创海洋的 Shark-S450D 等。尽管与国际先进设备相比仍有一定差距，但目前已基本实现了国产化，打破了国外的技术垄断。

由此可见，随着 AUV 的出现与发展以及其上搭载侧扫声呐进行相关任务的应用形式与需求的转变，国内关于嵌入式侧扫声呐的研究正在不断深入，但关于基于 AUV 的嵌入式侧扫声呐用于水下目标探测的系统组成及水下目标探测机制等方面还少有研究。

1.2.2　基于侧扫声呐的水下目标探测技术

1.2.2.1　侧扫声呐数据处理

侧扫声呐系统通过连续的线性扫描来生成高清晰度的声呐图像，在水下目标探测和海底地貌调查等任务中至关重要。然而，由于海洋水体和海底环境的复杂性，原始侧扫数据往往受到诸如斑点、条纹等噪声的干扰，进而造成生成图像存在辐射畸变、几何畸变等问题[31]，降低了水下目标探测的可靠性。为了提高侧扫声呐图像质量，国内外学者已开展了大量的研究[32-40]。

Blondel[41]介绍了包括回波强度数据、导航数据及姿态的数据滤波方法；Buscombe[42]基于侧扫声呐-目标几何关系、声学后向散射以及声波衰减的简化模型，实现了轻量级侧扫声呐回波图像的辐射畸变改正，促进了轻量级侧扫声呐系统在海底环境调查中的普及与应用。Anstee[43]提出了一种针对固定增益特性高频声呐的辐射畸变改正法，成功消除了由时间变化增益引起的图像灰度异常。Capus等[44]提出了另一种辐射畸变修正方法，能够适应拖鱼高度的骤变，具有较广的应用价值；阳凡林等[45]采用小波变换来检测图像中由底质变化引起的突变，以实现更佳的修正效果。

由于侧扫声呐采用斜距成像，原始图像在垂直于航迹的方向上会出现显著的几何畸变。为解决这一问题，常用的方法是利用海底线跟踪技术估计声呐到海底表面的高度，并假设海床是平坦的，使用三角函数关系修正斜距[46]。海底线跟踪在几何畸变处理中具有重要作用，赵建虎等[47]顾及海底线连续变化和对称分布，提出了一种综合海底线跟踪方法，在复杂环境下仍旧能取得稳健的跟踪结果；王晓等[48]分析了侧扫声呐瀑布图像特点，给出了海底线阈值跟踪方法；Wang 等[49]提出了一种顾及海底线空间分布特性的海底线提取方法，该方法包含点密度聚类和链搜索两个步骤，在复杂测量环境下具有较强的抗干扰能力；Siantidis[50]提出了基于 SLAM 的海底线跟踪方法，提高了跟踪的精度和稳健性；Shih 等[51]提出了一种基于边缘检测的海底线跟踪方法，在滤波和分割的同时取得了较高的海底线跟踪精度。

田晓东和刘忠[52]提出基于小波函数的图像去噪法，赵春晖和尚政国[53]提出基于正交有限 Ridgelet 的图像去噪方法，霍冠英等[54]提出基于 Curvelet 域的降斑方法，张雷等[55]提出基于 Contourlet 变换的去噪方法。Wilken 等[56]利用傅里叶变换实现了条带图像去噪。王爱学[57]根据回波强度在时间和空间上的分布特点，给出了一种基于统计参数的条带图像均衡方法，均取得不错的图像消噪效果。

值得注意的是，以上方法在一定程度上提高了侧扫声呐图像的质量，但均为后处理方法，不适用于实时处理，无法满足侧扫声呐在航条带图像获取的时效性需求，基于 AUV 的侧扫声呐在航条带数据实时处理及高质量成图方法研究亟须开展。

1.2.2.2　样本扩增

大量代表性目标图像样本是构建基于深度学习的高性能目标探测模型的前提[58]。但是，侧扫声呐图像因数据采集成本高、耗时长、目标较少等问题导致目标图像样本严重匮乏，样本代表性不足[59]。目前，国内外大多学者从不同的角度进行了相关研究，主要聚焦于数据增强、数据仿真以及迁移学习三个方面研究[60-62]。

数据增强通过对原始图像的旋转、位移、镜像翻转、噪声植入、多级缩放、弹性调整等手段，以增加样本的数量和丰富其多样性。然而，该方法仍然局限于基于原始图像的变换，因此，其对于优化模型性能的贡献有所制约。

数据仿真是基于侧扫声呐成像机理进行的[63]。Coiras 等[64]利用三维重建技术将二维的侧扫声呐图像恢复为三维形态，再将水下目标嵌入三维地形中，接着采用伯特体散射模型将三维图像回转为二维形式，这极大地丰富了侧扫声呐的图像样本库，但这种方法未充分考虑侧扫声呐的成像特性差异，仍有优化空间。Pailhas 等[65]提出了一种侧扫声呐图像的实时仿真方法，这种方法首先对各种海底表面进行建模，随后基于朗伯体散射模型，计算各种目标模型在海底的散射效果，从而形成侧扫声呐图像，并实现了不错的仿真结果。但这一方法在仿真海底地貌及目标时，需要大量真实的散射特性参数，而这些参数常常是难以获得的。

迁移学习是指将在某一数据集学习的知识迁移应用于另一个数据集。受光学影像中样本扩增技术的启发[66, 67]，侧扫声呐水下目标样本扩增方法主要通过迁移学习[68]方法获得，Lee 等[69]借用 StyleBankNet 开展了风格迁移，利用生成的具有侧扫声呐图像风格的模拟数据开展网络训练，光学图像是基于 3D CAD 的模拟器生成的数据进行迁移学习获得，最终得到 70%的识别精度；Li 等[70]使用一种固定的风格转移方法进行光学图像与侧扫声呐图像合成，在零目标声呐图像情况下通过光学目标迁移学习得到仿真声呐图像，实现 75%的平均分类精度；Huo 等[71]借助光学影像生成的目标样本与已有背景图像融合来增加样本，真实数据集与模拟数据叠加使用相比仅使用真实数据集，各类目标精度提高 3%左右；Huang 等[72]从目标多样性、目标纹理、成像分辨率、设备和环境噪声和背景等方面，提出了考虑侧扫声呐成像机理和环境影响的沉船目标侧扫声呐图像扩增方法，实现了侧扫声呐沉船目标 95%探测精度，但是该方法同样是通过光学图像、3D 建模图像、手绘图像手段获得外源图像，不能建立真实欲探目标的跨域映射关系。以上的方法很好地证明了基于风格迁移的水下目标侧扫声呐图像生成的前景，但是在迁移转换模型训练时输入网络的跨域图像不是来源于同一个目标实体，模型训练时除了要学习双域之间的转换关系，还要消除不同实体间系统误差的干扰，无端增加网络负担，无法全面顾及声波发射单元、声波传播介质、声波反射目标、声波反射背景场、声波接收单元、噪声和数据后处理等七大类要素的影响[41, 73]，生成样本代表性弱，对基于深度学习的目标探测网络泛化能力和精度提升有限。

现阶段利用外源图像进行风格迁移的技术多采用对抗生成网络（Generative adversarial network，GAN）[74-76]。李宝奇等[77]通过基于循环一致性的改进 CycleGAN 实现水下小目标光学图像到合成孔径声呐图像的迁移生成；Chen 和 Summers[78]提出基于 GAN 的网络应用于合成孔径声呐图像海底分类的无监督特征学习，能够生成不同海底底部类型的逼真合成孔径声呐图像；Bore 和 Folkesson[79]利用 CGAN 实现了特定测量环境下的侧扫声呐图像仿真，但该方法需要对应位置的实测海底地形以及侧扫声呐图像进行生成模型的训练，实现条件较为苛刻；Karjalainen 等[80]提出使用基于 GAN 的方法将模拟因素添加到真实侧扫声呐图像中，达到训练有素人员无法区分生成与真实图像的效果；Jiang 等[81]提出了一种基于对抗生成网络的语义图像生成模型，通过手绘的语义分割图像与侧扫声呐图像合成，实现样本扩增，但依然无法解决目标图像的有无问题；Reed 等[82]提出了一种将光学渲染器与 GAN 相结合的方法来合成海底目标的合成孔径声呐图像，该方法在实现图像几何形状和参数控制的同时，实现了高水平的合成孔径声呐图像真实感。

总的来说，以上方法很好地证明了基于 GAN 的风格迁移在侧扫声呐图像样本扩增中的优势，但使用的数据均来自跨域数据，目标也都不是来源于同一实体，存在系统误差干扰，生成的侧扫声呐目标图像的真实度仍有进一步提升的空间。

1.2.2.3　目标探测

基于侧扫声呐图像的水下目标探测是本文研究的关键组成。目标探测包含目标的检测与分割两个方面，下面将目标检测和语义分割的国内外研究现状总结如下。

1. 目标检测

目标检测包括目标的识别和定位。传统的基于侧扫声呐图像的目标判读多采用人工方法，存在效率低、耗时长、主观依赖性强等问题[83]。部分学者借助传统特征提取和分类的机器学习方法[84-87]进行自动探测方法研究，首先利用图像处理的基本算法，包括基于脉冲耦合神经网络的图像处理算法、形态学图像处理算法，通过中值滤波、二值化处理、噪声抑制、增益负反馈控制、边缘特征提取、图像增强、图像分割等方式对侧扫声呐图像进行处理，然后基于颜色、纹理、灰度、形状、主成分分析、统计特征、Gabor 特征、Haar 特征、LBP 特征、GLCM 特征等算法提取目标特征；最后利用人工提取的特征训练分类器，如隐马尔可夫模型、K 近邻、随机森林、支持向量（SVM）、BP 神经网络、AdaBoost 等分类器，实现水下目标的识别[88-93]。Suraj 等[94]提出一种基于 DBN 结构用于水下目标识别的深度学习框架，在 40 个类别的分类问题中达到 90.23%的准确率。Rhinelande[95]提出基于支持向量机对侧扫声呐图像进行目标识别分类的方法；郭军等[96]提出基于 SVM 算法和 GLCM 的侧扫声呐影像分类研究；陈强[97]使用简单的 BP 神经网络对水下图像目标进行分类识别，人工选取特征后送入神经网络进行分类训练，正确率为 80%；续元君[98]将水平集、不变矩、SVM 等方法组合用于水下目标识别；郭海军[99]通过属性直方图提取目标声影特征，再使用模糊聚类和 BP 神经网络对目标进行识别；Zhu 等[100]首先使用 AlexNet 模型进行特征提取，然后利用支持向量机作为分类器对水下目标图像进行分类，取得优于传统 HOG 和 LBP 特征的分类性能。这些方法尽管在一定程度上实现了海底目标的自动识别，但受声呐图像质量、特征提取算法模型的针对性等影响，提取的特征参数的有效性、全面性和准确性均存在不足；此外，生成的识别模型的泛化能力欠佳，难以实现不同情况下的目标高精度识别。

近年来，随着计算机视觉技术的不断发展与迭代，深度学习因其强大的特征学习能力及远超传统方法的正确识别率引起了水下探测领域的关注[101-105]和国内外学者广泛的研究[106, 107]。汤寓麟等[108]在与经典机器学习 SVM 算法对比后提出以改进的 VGG-16 为框架的卷积神经网络迁移学习识别方法，完成了侧扫声呐海底沉船的影像自动识别并取得明显优于传统方式的精度和效率；Nguyen 等[109]使用通过散射、偏振和几何变换扩增的侧扫声呐图像对 Google Net 模型进行训练，实现溺水者 91.6%的识别准确率。目标检测是在图像识别的基础上实现目标的定位，基于深度学习的方法可分为单阶段和端到端两种；Feldens 等[110]使用 RetinaNet 实现了海床表面独立岩石的检测；Tang 等[111]基于迁移学习使用 YOLOv3 网络实现了水下沉船的检测；Tang 等[112]使用 Faster R-CNN 模型实现了侧扫声呐海底沉船目标的自动检测，但是该模型存在结构复杂、训练和检测效率低等问题；Yu 等[113]通过对 YOLOv5 模型添加注意力机制模块实现了水下沉船的高精度检测；汤寓麟等[114]针对 YOLOv3 存在的问题以及面向工程应用的现实需求，通过对比 8 种不同深度和宽度的结构后，提出了改进的 YOLOv5a 模型，获得更高的侧扫声呐沉船目标检测精度。近年来，随着 Transformer 在机器翻译、自然语言处理领域取得令人瞩目的成绩，越来越多的研究者开展基于 Transformer 的计算机视觉领域相关研究[115-120]。Carion 等[121]于 2020 年利用

Transformer 中能够有效建模图像中的长程关系的注意力机制，构建端到端的目标检测器 DETR，并取得了优异的检测性能，该模型虽然拥有高效的检测效率，但是需要大量的数据作为样本支撑才能达到满意的检测精度[122]。在基于 AUV 的目标检测方面，Rutledge 等[123]基于 AUV 提出了一套潜在的水下考古遗址探测方法；Topple 等[124]提出基于 MiNet 模型的 AUV 类水雷目标检测方法，相较 YOLO 模型拥有更小的骨干结构和参数。

令人遗憾的是以上方法虽然很好地实现了水下目标的智能检测，包括基于 AUV 的轻量化目标检测模型，但是在复杂海洋环境下的小尺度目标的检测精度、效率以及模型轻量化上仍有待进一步加强，在兼顾精度和时效方面需要开展更加深入的研究。

2. 语义分割

计算机视觉领域的核心研究除了目标检测，还包括语义分割，语义分割可以理解为是对图像的每个像素点分配语义标签，并基于语义单元标签将图像分成若干具有不同语义标识的区域，是一种像素级的空间密集型预测任务。语义分割模型因为能够预测目标的像素分布范围，因此可以在获取水下目标位置的同时获取形态特征，为挖掘目标更多纬度的信息提供可能，但模型结构也更加复杂，牺牲一定的效率。

经典的分割网络有 FCN[125]、UNet[126]、SegNet[127]、PSPNet[128]及 DeepLab[129, 130]系列等，在医学图像分割和遥感图像分割领域应用极为广泛。针对语义分割在水下目标探测中的前景，国内外学者广泛开展研究[131-133]，Burguera 和 Bonin-Font[134]提出了侧扫声呐多类别图像在线分割的方法，构建可用于 SLAM 中搜索候选特征目标的海底语义图；Huo 等[135]针对侧扫声呐图像分割提出一种鲁棒并且快速的分割方法，该方法集成了基于非局部均值的斑点滤波、K 均值聚类的粗分割以及改进的区域可扩展拟合模型的精细分割，该方法对噪声和图像强度不均匀具有鲁棒性；Wang 等[136]提出基于 VGG-16 转化的 FCN 模型，并使用了加权损失函数，平均交并比（IoU）达到 83.05%，取得了优于模糊 C 均值和 Canny 边缘检测器等传统方法的性能；Zheng 等[137]使用 DeepLabV3 模型实现了水柱区域和海底的分割；Wu 等[138]提出了一种基于编码器-解码器架构的高效卷积网络获取平均 IoU 为 66.18%的分割精度。尽管这些网络可以实现侧扫声呐图像的语义分割，但这些模型结构都比较复杂，无法用于时效性要求比较高的场景，Song 等[139]提出了一套实时自动水下目标分割方法，该方法主要基于改进的自级联卷积神经网络模型 SC-CNN，将侧扫声呐图像分割为目标、阴影和背景 3 个类别，并将该方法应用于 AUV 搭载的实时侧扫声呐图像分割。然而，侧扫声呐水下目标图像语义信息较为固定、结构较为简单，水下目标在声呐成图下结构相对固定，因此深层次语义信息和浅层特征都非常重要。同时，考虑到样本数据的匮乏，采用的语义分割模型结构不宜太过复杂，参数数量不宜过多，否则很容易导致模型过拟合，无法达到理想的分割效果。

在复杂情况下尤其是在面对水下排列紧密、相互重叠以及被遮盖或半掩埋目标等复杂情况时，现有分割方法存在虚警率和漏警率较高的问题。加之，对于基于 AUV 的侧扫声呐水下目标分割任务，如何在效率和精度之间取得平衡以及对分割目标信息的进一步挖掘将是本书后续研究的内容。

1.2.3　研究现状总结

结合国内外的研究现状、现地调研以及实际海上试验分析，目前基于侧扫声呐水下目标实时智能探测中，还有以下方面的问题有待进一步解决和完善：

1. 基于 AUV 的侧扫声呐水下目标实时智能探测系统及探测机制尚未建立

基于 AUV 搭载侧扫声呐的组合探测系统为水下目标探测提供了很好的平台和手段，但现有的探测系统局限于数据后处理和目标事后探测，尚无法打破水声通信带宽限制，难以满足实时目标探测对设备性能、系统集成以及探测机制等方面的迫切需求。

2. 侧扫声呐在航条带数据实时处理及高质量成图技术尚不完善

受复杂海底环境和探测条件的影响，同时顾及水声信号具有时变性和空变性的特性，侧扫声呐图像通常存在低分辨率、特征贫瘠、噪声复杂以及畸变严重等特点，然而由于缺少先验信息，导致目前侧扫声呐数据主要采用事后处理和成像的方式，成为 AUV 搭载侧扫声呐实时获取高质量图像数据的制约。

3. 高代表侧扫声呐水下目标样本扩增技术需要深入

侧扫声呐图像因数据采集成本高、耗时长、目标较少等问题导致数量严重匮乏，样本代表性不足，而现有基于跨域转换的样本扩增方法，由于非域图像中的目标与实际水下目标非同一实体，因存在系统偏差导致扩增样本的代表性较弱、真实感不强，制约了高性能智能探测模型构建。

4. 适合 AUV 算力的轻量化检测模型及实时检测方法研究需要开展

现有侧扫声呐水下目标检测模型无法满足复杂水下目标高效、实时、准确检测的同时兼顾模型的轻量化需求以满足 AUV 平台算力限制。尤其是复杂海洋噪声背景下的小尺寸、重叠目标的检测任务，存在准确性低、漏警和虚警率高的问题，且针对 AUV 的在航条带图像检测策略缺乏研究。

5. 高精度智能分割模型及关键信息提取技术研究需要开展

传统侧扫声呐水下目标分割模型无法满足复杂情况下目标的高精度分割与多维度关键信息提取输出。当前的分割模型在面对水下排列紧密、相互重叠以及被遮盖或半掩埋目标等复杂情况下的水下目标时，存在虚警率和漏警率较高的问题，且针对在航图像目标几何尺寸信息提取的方法少有研究。

综上所述，基于 AUV 的侧扫声呐水下目标探测进入一个快速发展的时期。目前，我国在 AUV 搭载侧扫声呐进行水下目标探测方面，无论是系统组成还是探测机制，都还处于初级阶段、尚未成熟，在保证 AUV 航行安全的同时实现数据实时处理，完成实时智能探测并克服水声通信实现关键信息的实时回传方面，还缺乏理论基础、技术研究以及实战应用。

1.3　研究目标与研究内容

1.3.1　研究目标

本书针对上述研究现状存在的重点、关键问题，以 AUV 为载体平台，侧扫声呐为水下目标探测装备，以沉船和水雷目标作为水下目标代表，开展基于 AUV 的侧扫声呐水下目标实时智能探测技术研究与应用；构建基于 AUV 的侧扫声呐水下目标实时智能探测系统，并提出基于该系统的探测机制，解决其中涉及的在航数据实时处理、高代表样本扩增、实时智能探测模型构建三个关键技术难题，并开展某海域的实际应用，打通"高质量输入-高性能探测-实际化应用"的全链路，旨在实现实时、智能、隐蔽的水下目标探测，为维护海洋权益、实现水下安防、开展远洋测量以及执行其他军事任务等提供技术支持和实现途径。

1.3.2　技术路线

为实现基于 AUV 的侧扫声呐水下目标实时智能探测，本文整体的技术路线如图 1.1 所示。

本书的主要思路为：针对研究现状中存在的问题与不足，以基于 AUV 的侧扫声呐水下目标实时智能探测系统为基础，在探寻并建立基于该系统的机制过程中，揭示涉及的数据实时处理、高代表样本扩增以及实时智能探测构建三大关键技术（第 2 章）；针对三大关键技术展开研究，其中，"数据实时处理"技术研究（第 3 章）重在解决在航图像实时获取难题，实现为智能探测模型实时提供"高质量输入"的目的；"高代表样本扩增"技术研究（第 4 章）重在解决因水下目标图像样本严重匮乏进而限制高性能实时智能探测模型构建的难题，实现为模型训练提供足够数量的高代表性样本的目的；"实时智能探测模型构建"技术研究重在解决基于 AUV 平台算力下模型探测精度和效率不高以及在航探测方法缺失的难题，实现 AUV 在航条带水下目标的"高性能探测"；最后，构建探测系统，遵循探测机制，整合关键技术，在某海域开展基于 AUV 的侧扫声呐水下目标实时智能探测应用（第 7 章），实现技术的"实际化应用"。

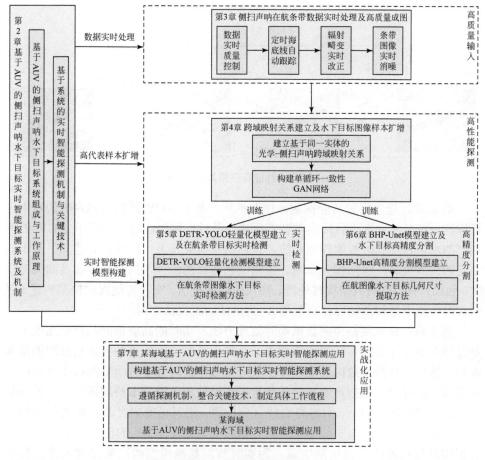

图 1.1 整体技术路线图

需特别指出的是，"实时智能探测模型构建"包括实时检测（第 5 章）和高精度分割（第 6 章）两部分，通过"两步走"实现高性能水下目标探测，具体实现路线如图 1.2 所示。而"高代表样本扩增"与"实时智能探测构建"两个关键技术分别从训练数据和算法模型层面，共同实现"高性能探测"。

1.3.3 研究内容

综上所述，全文按如下章节展开研究：

第 1 章：绪论。阐述论文选题的研究背景及意义，综述 AUV 平台、侧扫声呐设备以及侧扫声呐数据处理、样本扩增和目标探测技术的国内外研究现状，总结分析已有问题及方法缺陷，明确研究内容并绘制技术路线图。

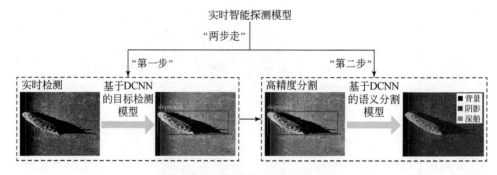

图 1.2 高性能探测模型实现路线

第 2 章：建立实时智能探测系统及机制。基于 AUV 搭载侧扫声呐的水下目标探测系统是实现水下目标实时智能探测的基础。首先，建立了基于 AUV 的侧扫声呐水下目标实时智能探测系统，包括系统组成及工作原理，并建立了基于该系统的探测机制，包括作业原则、探测策略与探测流程，揭示其中涉及的关键技术，包括：侧扫声呐数据实时处理、高代表样本扩增、实时智能探测模型构建（包括实时检测模型和高精度分割模型），为后续研究提供方向。

第 3 章：研究侧扫声呐数据实时处理方法。实时的高质量侧扫声呐图像生成是开展水下目标实时智能探测的前提。首先，介绍了侧扫声呐数据后处理的基本流程；然后，分析了数据后处理方法在应对数据实时处理时面临的技术难点；在此基础上，开展了侧扫声呐在航条带数据实时处理关键技术问题研究，主要包括原始数据实时质量控制、实时海底线自动检测、辐射畸变实时改正和条带图像的实时消噪。最后，开展实验验证，旨在最终实现基于 AUV 的侧扫声呐在航条带数据实时处理及图像高质量生成，为实时智能探测模型的高质量输入提供技术支撑。

第 4 章：研究高代表样本扩增方法。大量高代表侧扫声呐目标图像样本是构建高性能智能探测模型的基础。首先，基于 3D 打印技术制作欲探水下目标实体，建立基于同一实体的光学-侧扫声呐跨域映射关系；然后，设计了单循环一致性结构，引入了通道与空间注意力（Channal-wise and Spatial attention，CSA）模块，设计了基于最小二乘生成对抗（LSGAN）的损失函数，最终构建了基于循环一致性的 GAN 模型；最后，开展实验验证，旨在实现小样本甚至零样本高代表目标样本的高质量扩增，为高性能探测模型构建提供丰富的训练数据支撑。

第 5 章：构建水下目标实时检测模型及在航检测方法。实时检测模型是高性能探测模型的关键组成。首先，设计多尺度特征复融合模块，融入注意力机制压缩和激励网络（SENet），并在此基础上融合 DETR 与 YOLO 结构，构建了 DETR-YOLO 轻量化检测模型；然后，提出在航条带图像的水下目标实时检测方法；最后，开展实验验证，旨在解决复杂海洋噪声背景下小尺寸目标检测的准确性低、重叠目标漏警和虚警高的问题的同时保证模型的轻量化，实现水下目标实时智能检测。

第 6 章：构建水下目标高精度分割模型及在航信息挖掘方法。高精度分割模型是高性能探测模型的重要组成。首先，设计多尺度混合空洞卷积（BHD）模块，引入金字塔切分注意力（PSA）模块，并在此基础上，融合 Unet 模型，构建了 BHP-Unet 分割模型；随后，提出了基于在航条带分割图像的几何尺寸信息提取方法；最后，开展实验验证，旨在提升水下排列紧密、相互重叠等复杂情况下目标高精度分割能力，并进一步挖掘目标的几何尺寸信息，提供更全面、多维的信息支撑。

第 7 章：开展某海域实际应用。首先构建了基于 AUV 的侧扫声呐水下目标实时智能探测系统；随后，在探测机制的牵引下，整合关键技术，设计了具体的探测流程；最后，依据流程开展某海域基于 AUV 的侧扫声呐水下目标实时智能探测。旨在全面验证全文研究技术的可行性和实用性，实现技术的工程化落地与实际化应用。

第 8 章：总结与展望。梳理和总结本文的主要工作与创新点，并对后续研究工作进行展望。

第2章 基于AUV的侧扫声呐水下目标实时智能探测系统及机制

2.1 引　　言

　　基于 AUV 搭载侧扫声呐的水下目标探测系统是实现水下目标实时智能探测的基础，然而基于该系统的水下目标实时智能探测机制目前尚未建立。为此，本章建立了 AUV 搭载侧扫声呐进行水下目标实时智能探测的系统，介绍了系统组成及各组成的工作原理；在考虑 AUV 设备安全、数据质量以及作业效率的基础上，结合 AUV 运动特点，建立了基于该系统的实时智能探测机制，具体包括作业原则、探测策略及作业流程，并揭示了其中涉及的数据实时处理、高代表样本扩增以及实时智能探测模型构建三个关键技术，引领接续的研究内容。

2.2 探 测 系 统

2.2.1 系统组成

　　基于 AUV 的侧扫声呐水下目标实时智能探测系统以 AUV 为任务载体，主要载荷为嵌入式侧扫声呐设备，通过水下目标实时智能探测模型对水下目标进行探测，最后将探测结果以及提取挖掘的水下目标几何尺寸信息，以水声通信的方式实时传回母船，实现水下目标的实时探测，具体如图 2.1 所示。

1. AUV 平台

　　AUV 是探测系统的主要平台，其上搭载了侧扫声呐系统、实时智能探测模块以及一系列导航定位设备和辅助传感器等，确保系统能够在复杂海底环境中稳定、高效地运行。

2. 嵌入式侧扫声呐系统

　　嵌入式侧扫声呐是系统的探测载荷，主要基于回声探测原理，通过发射和接收声波，以获取海底声呐回波数据，为后续数据处理和水下目标探测提供原始信息。图 2.2 给出嵌入式侧扫声呐系统的基本组成单元。

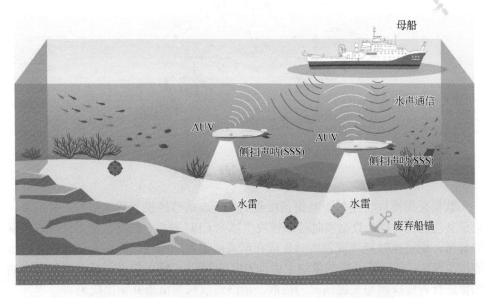

图 2.1　基于 AUV 的侧扫声呐水下目标实时探测系统示意图

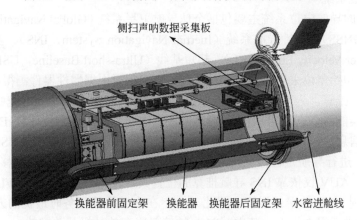

图 2.2　嵌入式侧扫声呐透视图

　　为满足 AUV 的特性，侧扫声呐系统需具备体积小、重量轻、功耗低、性能高以及高兼容性等特点，确保其能适应不同 AUV 的需求，保证水下目标探测任务的质效。

3. 实时智能探测模块

　　实时智能探测模块主要由数据采集、数据实时处理和目标智能探测三个子模块组成，如图 2.3 所示。

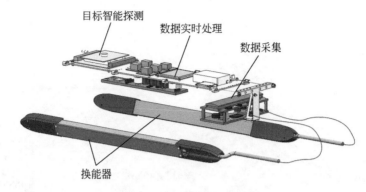

图 2.3　实时智能探测模块

　　数据采集模块将侧扫声呐设备接收到的回波信号转换为数字信号，并反算、记录其往返程时间；数据实时处理模块主体为 CPU 硬件，根据数据采集模块获取的数据，通过实时处理流程实时生成在航高质量声呐图像，并输入后续的目标智能探测模块；目标智能探测模块主体为 GPU 硬件，对输入的高质量在航条带声呐图像进行智能探测与关键信息的提取，最终形成探测结果并输出成果。

4. 定位系统

　　AUV 的导航定位系统主要包括全球导航卫星系统（Global Navigation Satellite System，GNSS）、惯性导航系统（Inertial Navigation System，INS）、多普勒计程仪（Doppler Velocity Log，DVL）、超短基线（Ultra-short Baseline，USBL）、深度计。AUV 初始定位采用 GNSS 定位系统，INS 主要根据惯性器件测得的 AUV 运动信息进行推算，为侧扫声呐换能器提供实时位置信息，其中光纤陀螺主要负责实时采集换能器姿态变化，用于后续声呐图像改正与回波点归位计算；DVL 为 INS 提供速度信息，以抑制 INS 速度推算的漂移，提高导航定位精度。USBL 可对水下的 AUV 进行导航定位修正，避免 AUV 潜浮过程中导航定位的漂移。AUV 水下作业时，AUV 仅依靠 INS 导航推算的位置具有较大的偏移，而 DVL 测得的速度可以限制 INS 的误差累积，因此 AUV 在水下执行任务时最优的方式是依靠 INS+DVL 进行组合导航，其中，DVL 持续对底有效是极其关键的。

5. 通信系统

　　水声通信是 AUV 在水下敏感区域、远距离通信的主要方式。水声通信的带宽在 Kb 级别，无法实现侧扫声呐实测数据 Mb 级别的远距离实时回传。但是，通信系统能实现提取挖掘的水下目标关键信息和水下目标图像的实时回传，使母船能够及时接收关键信息并根据实际情况进行任务指令的下达。

2.2.2　工作原理

了解 AUV 搭载侧扫声呐的工作原理对后续探测机制的建立，以及侧扫声呐数据实时处理和高质量成图、高代表性样本扩增、实时智能探测模型构建关键技术的研究具有重要作用。

1. 嵌入式侧扫声呐

侧扫声呐主要基于回声探测原理进行水下目标探测，工作原理 3D 示意图如图 2.4 所示。

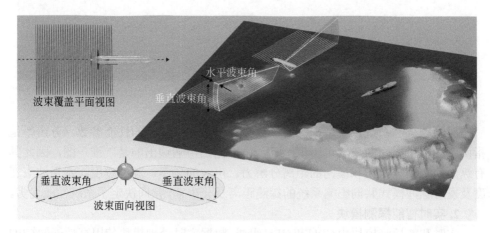

图 2.4　工作原理 3D 视图

通过设备的换能器采用特定的角度和发射频率，向海底释放宽垂直波束角和窄水平波束角的定向超声波脉冲。当这些声波接触海底或水下目标时，会产生反射和散射。换能器接收基阵再次捕获这些海底的反射波和散射波，随后经过增强、处理，这些数据会在屏幕上展示为海底影像。垂直平面内开角为 θ_v，水平面内开角为 θ_h，当换能器发射声脉冲时，在换能器左右侧照射一窄梯形海底，如图 2.5 左侧为梯形 ABCD。声波碰到海底后，形成反射波或反向散射波沿原路线返回到换能器，距离近的回波先到达换能器，距离远的回波后到达换能器，通过接收水下物体反射回波发现目标，并测量其参量。显然，声波从发射到接收（即一个脉冲）的时间间隔为 Δt。设声波在海水中的传播速度为 C（m/s），声波传播的单程距离为 S（m），则 $\Delta t = 2S / C$。当声波传播距离越远时，换能器接收到的声波回波的时间 Δt 就越长。

由于海底的起伏结构，使得某些海底或海下目标受到声波的覆盖，而其他部分则未被涉及。在记录纸上，这种差异表现为某些区域呈现黑色，而其他区域呈现白色，这与相机拍摄的照片底片有相似之处。这不仅展示了水下目标的实际情况，而且可以通过目标阴影的长度来估测其高度。

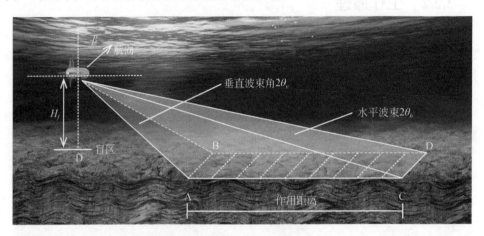

图 2.5   侧扫声呐波束原理图

对侧扫声呐系统来说，探测的距离与其分辨率是核心的性能参数。分辨率是指两个独立目标间的最小可辨识距离，由于侧扫声呐输出的是二维声图，因此具有纵向的水平分辨力和横向的距离分辨力。声波的频率、脉冲宽度、水平波束宽度及发射脉冲模式共同影响系统的探测距离及分辨率，共同决定了系统性能优劣。

2. 实时智能探测模块

实时智能探测模块由 CPU 和 GPU 组成。数据实时处理模块使用高性能的 CPU通过在航条带数据实时处理技术对声呐数据进行实时处理，生成高质量的声呐图像。接着，GPU 运用深度学习模型，采用特定的网络结构，如通过卷积层进行特征提取，全连接层进行分类等，对海底图像进行实时智能探测，并提取目标的几何尺寸信息。

3. 导航定位系统

导航定位系统的核心在于通过不同种类的导航设备，实时准确获取 AUV 在水下位置和姿态信息。GNSS 是基于卫星的定位系统，利用卫星信号三角定位原理，为 AUV 提供精确的地理位置信息，主要用于水面导航；INS 通过内部加速度计和陀螺仪，连续测量 AUV 加速度和角速度，进而推算出位置、速度和姿态角；USBL 通过测量来自 AUV 发射的声波与多个基线接收器之间的时间差，计算出 AUV 的位置；深度计利用水压和深度之间的关系，实时测量 AUV 的深度；DVL通过发射声波并接收其反射回来的信号，利用多普勒频移计算出 AUV 在各个方向上的速度分量，实时计算出 AUV 相对于海底的速度和方向，进一步辅助 INS校正位置漂移，提高定位精度。DVL 的精准测速能力，使其能够准确确定 AUV与海底相对高度，直接影响 AUV 的路径规划和探测策略。

图 2.6 展示了 DVL 四个波束与 AUV 的空间位置，其中波束 2 与波束 4 位于 AUV 的左右舷，波束 1 和波束 3 在 AUV 的艏艉部。AUV 坐标系的 X 轴指向艏部，Y 轴指向右舷，Z 轴垂直于 X-Y 轴平面向下，X-Y-Z 轴构成右手系。假设 DVL 坐标系与 AUV 坐标系之间不存在安装偏差，DVL 的坐标系定义同 AUV 的坐标系保持一致，因此认为 AUV 的姿态即 DVL 的姿态。

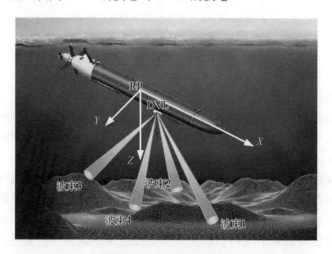

图 2.6　DVL 空间示意图

假设 DVL 有效波束长度（标定量程）为 M，则四个波束的波束发射方向分别表示为 T_i，i=1，2，3，4，则

$$T = [T_1 \quad T_2 \quad T_3 \quad T_4] = \begin{bmatrix} \dfrac{\sqrt{3}}{2}M & 0 & -\dfrac{\sqrt{3}}{2}M & 0 \\ 0 & -\dfrac{\sqrt{3}}{2}M & 0 & \dfrac{\sqrt{3}}{2}M \\ \dfrac{1}{2}M & \dfrac{1}{2}M & \dfrac{1}{2}M & \dfrac{1}{2}M \end{bmatrix} \quad (2.2.1)$$

假设某一时刻 AUV 的横摇角、纵摇角和航向角分别为 r、p、h，其对应的旋转矩阵分别为 $R(r)$、$R(p)$、$R(h)$，则 AUV 姿态对 DVL 波束的影响 T_A：

$$T_A = R(h) \times R(p) \times R(r) \times T \quad (2.2.2)$$

将公式（2.3.2）展开即可得到 AUV 姿态对四个波束的影响，作业中至少三个波束对底有效，INS 系统才认为 DVL 数据有效，考虑到部分型号的 DVL 要求四个波束均对底有效，因此关注 AUV 对底的高度中最小值即为 DVL 有效对底的高度 H_{DVL}：

$$H_{\mathrm{DVL}} = \begin{cases} \dfrac{\sqrt{3}}{2}M \times \sin p + \dfrac{1}{2}M \times \cos p \times \cos r \\[2mm] -\dfrac{\sqrt{3}}{2}M \times \cos p \times \sin r + \dfrac{1}{2}M \times \cos p \times \cos r \\[2mm] -\dfrac{\sqrt{3}}{2}M \times \sin p + \dfrac{1}{2}M \times \cos p \times \cos r \\[2mm] \dfrac{\sqrt{3}}{2}M \times \cos p \times \sin r + \dfrac{1}{2}M \times \cos p \times \cos r \end{cases} \qquad (2.2.3)$$

4. 通信系统

通信系统采用水声通信技术，其基本原理是通过发射特定频率和振幅的声波，利用声波在水中的传播特性实现传输，最后由接收端捕获声波并解码以实现信息传输。由于水声通信的带宽相对有限，以及 AUV 的数据格式存在一定约束，系统获得的目标信息和图像数据在回传前需要经过适当的压缩与格式转换，从而保证信息在有限带宽内的高效传输和接收端的正确解析。压缩的方法将根据数据特点和传输需求进行选择，它的目的是在保持数据完整性的前提下，减少数据传输的大小，使单位数据量的比特数最大限度地接近实际熵值。转换并打包压缩后的数据，可以进一步确保信息在传输过程中的完整性与准确性。

2.3　探 测 机 制

2.3.1　作业原则

明确 AUV 搭载侧扫声呐进行水下目标探测的作业原则是保证任务顺利进行的基础。这些原则可以确保任务的质效，同时还保护了 AUV 的设备安全，从而实现高效的作业和高质量的数据获取。

首先，设备安全是首要考虑的因素。AUV 的运动模式通常在定深与定高两种模式之间选择，其中，定深模式指的是 AUV 在水下保持固定的深度进行作业，即与水面保持一定距离；而定高模式则是 AUV 依照海底地形的起伏，保持与海底的固定距离。

在 AUV 进行水下目标探测的过程中，定深模式具有明显的优势，尤其体现在安全性和设备保护方面。通过维持与水面的固定距离，AUV 在定深模式下能够在未知或敏感海域保持较稳定的姿态，极大提高了设备的安全性，减少了因海底地形起伏而引发的碰撞风险，保护了探测设备的完整性和保证了任务的连续性。相较而言，虽然定高模式能够使 AUV 紧密跟随地形，获取更高分辨率的数据，然而，这也意味着 AUV 在定高模式下会受到海底地形的直接影响，如果海底地形变化较大，将增加碰撞的风险。因此，定深模式的选择成为未知或敏感海域进行探测的优选方案，而如何确定 AUV 的定深深度则变得至关重要，这是确保设备安全与实现高质量数据获取的关键步骤。

其次，保证作业效率和数据质量是另外两个主要的原则。在保证 DVL 对底有效的前提下，定深深度的确定需要考虑到测线布设、条带覆盖率以及作业时的航速设定，定深深度影响到侧扫声呐的扫测分辨率与条带覆盖宽度，不合理的定深深度会对后续条带拼接与通过地形匹配方法进行导航改正造成影响。AUV 的离底高度越低，侧扫声呐的分辨率就越高。然而，过低的离底高度也可能会降低覆盖率从而降低作业效率，同时也会增加设备损坏的风险。因此，这需要根据侧扫声呐的性能特性、海底地形以及作业需求来确定，且所有这些因素都要在实现数据高质量获取和作业效率提升的前提下进行优化。

总的来说，保障设备安全、优化作业效率和获取高质量数据是 AUV 搭载侧扫声呐进行水下目标探测作业的主要原则。这需要充分理解和应用相关的技术和设备，以满足这些原则，原则包括：

（1）设备安全与精确定位：AUV 的操作必须在保证设备安全的前提下进行。设备的安全主要体现在准确的定位上，这要求 AUV 在水下执行任务时，DVL 必须持续对底有效，即 AUV 的定深后的离底高度应小于 DVL 有效对底高度。

（2）理解海底地形与设备保护：任务开始前尽可能了解海底地形，限制 AUV 的最低离底高度，避免触发 AUV 自身的保护机制，导致任务终止。

（3）优化覆盖率、分辨率与航速：结合侧扫声呐的性能和任务需求，权衡和优化覆盖率、分辨率和航速，确保数据质量和提高作业效率。

（4）稳定的定深深度与合理的测线布设：保持 AUV 的定深深度稳定，并根据海底地形变化合理布设测线，以减少地形影响和提高侧扫声呐数据的质量。

（5）定深深度的确定：合适的定深深度至关重要，直接影响到 DVL 对底的有效性，以及侧扫声呐的成图质量和作业效率，是 AUV 定深模式搭载侧扫声呐作业中的核心技术。

总结来说，这些原则旨在在保障设备安全的前提下，实现高质量的数据获取与高效的作业效率。

2.3.2　探测策略

2.3.1 节给出了未知海域 AUV 定深模式下搭载侧扫声呐的基本作业原则，从中可以看出为了达到数据质量和效率的最佳平衡，定深的深度确定尤为关键，它影响到设备安全、数据质量和作业效率。接下来，结合顾及姿态影响的 DVL 有效高度模型，提出了一种"远场粗探、近场精探"水下目标探测策略，突出了效率与精度的双重需求,实现探测任务中的核心任务:"定位"与"识别"。

2.3.2.1 DVL 有效对底高度模型

DVL 对底有效高度的计算起着至关重要的作用,它为远场粗探和近场精探的深度选择设定了上限和下限。具体来说,DVL 对底有效高度的最大值确定了远场粗探的深度上限,保证在此深度下,AUV 能够获取足够的底部数据,实现大范围的探测覆盖。相反,DVL 对底有效高度的最小值确定了近场精探的深度下限,保证在此深度下,AUV 能够获取高分辨率的底部数据,实现对目标的精细探测。

这种依赖于 DVL 对底有效高度的深度选择方法,不仅合理利用了 AUV 的性能,同时也确保了设备的安全性。

AUV 使用 INS+DVL 进行组合导航带来的问题是 DVL 距离海底必须在有效高度范围内。由于受到海洋环境、海底底质的影响,DVL 的实际量程会发生变化,且影响大小难以预知。在实际情况中,当 DVL 对底有效波束少于三个时,INS 将不采用 DVL 提供的数据,仅凭自身的输出量进行推算导航。因此在作业时,希望 AUV 离底近一些,以保障即使受到海洋环境等因素变化的影响,也能保证 DVL 至少有三个波束对底有效。

为保证执行任务过程中 DVL 至少三个波束均持续对底有效,需要尽量避免 AUV 离底高度接近 DVL 对底有效距离。然而,测区复杂的地形对规划的策略构成挑战,在地形变化较大的主测线,在水深较浅的区域 AUV 高度已经接近触发报警的最低高度,但在水深较深的区域 AUV 高度已接近 DVL 极限对底高度,这对确定每条测线的定深高度提出了更高的要求。

综上,确定 AUV 的定深深度是研究的核心部分。假设某条主测线上 AUV 定深深度为 H,AUV 离底高度小于 H_{Dmin} 则触发报警。该条主测线沿航向的水深剖面最深点深度为 H_{max},最浅点深度为 H_{min};DVL 垂直有效高度为 H_{DVL},该参数由 DVL 仪器本身性能限制;根据作业经验,设 Δh 为 DVL 受到海洋环境、海底底质影响后垂直有效高度的变化量。

如果出现:

$$\begin{cases} H_{max} - H \geqslant H_{DVL} - \Delta h \\ H_{min} - H > H_{Dmin} \end{cases} \tag{2.3.1}$$

则表示 AUV 定深深度偏小,无法保证 DVL 在整个任务期间持续对底有效。

如果出现:

$$\begin{cases} H_{max} - H < H_{DVL} - \Delta h \\ H_{min} - H \leqslant H_{Dmin} \end{cases} \tag{2.3.2}$$

这种情况则表示 AUV 定深深度偏大,会触发 AUV 自身安全保护机制,导致任务失败。

如果出现：

$$\begin{cases} H_{max} - H \geqslant H_{DVL} - \Delta h \\ H_{min} - H \leqslant H_{Dmin} \end{cases} \qquad (2.3.3)$$

这种情况则表示该条测线在作业原则和现有仪器性能限制下，无法完成相关作业任务。

因此，顾及姿态影响的 DVL 有效高度确定方法表达为

$$\begin{cases} H_{max} - H < H_{DVL} - \Delta h \\ H_{min} - H > H_{Dmin} \end{cases} \qquad (2.3.4)$$

$$H_{max} - H_{DVL} + \Delta h < H < H_{min} - H_{Dmin}$$

2.3.2.2　"远场粗探、近场精探"策略

"远场粗探、近场精探"策略是指在水下目标探测任务中，结合 DVL 对底有效高度，根据实际需要和环境条件，调整 AUV 的作业深度和航速。在远场，选择较大的离底高度进行粗略探测，以覆盖更大的搜索区域，高效率地发现疑似目标并进行"定位"；在发现疑似目标后，再降低离底高度，在近场进行抵近的精细探测，以获取更高的数据质量，实现水下目标的精确"识别"。

1. 远场粗探

"远场粗探"是该策略的首个环节，主要的目标是在最短的时间内，定位出潜在的目标。在这个阶段，AUV 选择在 DVL 有效对底高度的最大值处工作，这样可以确保侧扫声呐有更大的覆盖范围，从而提高发现目标并进行定位的效率。同时，考虑到此阶段的目标是粗略定位，不需要高精度的数据，因此可以适当提高航速，以进一步提高扫测效率。此外，根据侧扫声呐测量技术要求，需要进行全覆盖测量，相邻测线重叠率至少达到 100%，即 $D \leqslant 2nR$，以确保不遗漏任何可能的目标区域。其中 D 为测线间距，n 为测线间距系数，取值依据重叠宽度而定，不应大于 0.8，R 为侧扫声呐单侧有效扫测宽度。

通过计算 DVL 有效对底高度，可以找到满足要求的 H 的区间范围，选取 AUV 离底距离最大作为远场粗探的 AUV 定深深度。确定 AUV 的定深深度后，即可计算相邻测线间距以及确定航行速度。假设侧扫声呐的波束半开角为 α，某一测线 AUV 定深深度为 H_1，该测线沿航向的水深剖面最浅点为 H_{max1}，测线沿航向的水深剖面最浅点为 H_{min1}；相邻测线 AUV 定深深度为 H_2，该测线沿航向的水深剖面最深点为 H_{max2}，水深剖面最浅点为 H_{min2}，两条测线间距为 D_c，航速为 V_c：

$$D_c = n \times [(H_{min1} - H_1) \tan \alpha + (H_{min2} - H_2) \tan \alpha] \qquad (2.3.5)$$

其中，H 取最小值，即离海底距离最大，$H = H_{max} - H_{DVL} + \Delta h$，所以，

$$D_c = n \times (H_{\min 1} - H_{\max 1} + H_{\min 2} - H_{\max 2} + 2H_{DVL} - 2\Delta h)\tan \alpha \qquad (2.3.6)$$

$$v_c = 1.852 \times L \times m \times \frac{f_p}{n} = 0.926 \times \frac{m \times L \times c}{n \times R} \qquad (2.3.7)$$

R 为侧扫声呐量程，L 为扫测目标的最小尺寸，单位为 m，n 为探测到目标的最小脉冲数，粗探取 3；m 为波束或者脉冲系数，其中单波束侧扫声呐取 1，多波束侧扫声呐取值大于 1 且小于波束数；f_p 为侧扫声呐每秒频率；c 为声波在海水中的传播速度。

2. 近场精探

一旦在远场粗探的阶段定位到潜在目标，接下来就进入"近场精探"阶段。这个阶段侧重在探测精度，目标是详细识别和确认目标。在进行近场精探时，AUV 选择在 DVL 有效对底高度的最小值处工作，以获取最高的图像分辨率。在此阶段，为获取更精确的数据，会适当降低航速，确保数据的质量。此外，相邻测线应保持至少 200% 的重叠率，$D \leqslant nR$，以获取连续且详细的目标数据。

通过计算 DVL 有效对底高度，可以找到满足要求的 H 的区间范围，选取 AUV 离底距离最小作为远场粗探的 AUV 定深深度（即 AUV 离底距离最大），两条测线间距为 D_j，航速为 v_j：

$$D_j = n \times \min(H_{\min 1} - H_1, H_{\min 2} - H_2)\tan \alpha \qquad (2.3.8)$$

其中，H 取最大值，即离底距离最小，$H = H_{\min} - H_{Dmin}$，所以：

$$D_j = n \times H_{Dmin}\tan \alpha \qquad (2.3.9)$$

$$v_j = 1.852 \times L \times m \times \frac{f_p}{n} = 0.926 \times \frac{m \times L \times c}{n \times R} \qquad (2.3.10)$$

n 为探测到目标的最小脉冲数，粗探取 5，其他参数含义同式（2.3.7）。

随着"远场粗探，近场精探"策略的提出，我们在理论上为提高侧扫声呐水下目标探测的质量和效率做出了新的探索。然而，如何将这种策略实际应用于 AUV 进行的水下探测任务中，还需要我们进一步的研究。接下来的章节，我们将详细阐述未知海域基于 AUV 的侧扫声呐水下目标实时智能探测的作业流程，以期将"远场粗探、近场精探"策略与 AUV 侧扫声呐水下目标探测的实际操作流程相结合，从而真正应用于实践中，提升探测的效率和精度。

2.3.3 探测流程

基于上述作业原则和探测策略，提出基于 AUV 搭载侧扫声呐的水下目标实时智能探测工作流程，具体如图 2.7 所示。

工作流程由采集、处理、探测及输出四大步骤构成，其中橙色的圆框表示该方法涉及的关键技术。

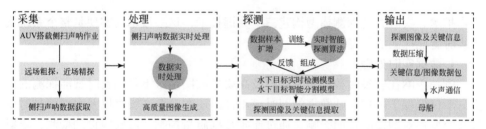

图 2.7　基于 AUV 搭载侧扫声呐的水下目标实时探测流程图

（1）采集阶段：为保证作业安全、数据质量以及作业效率，采用"远场粗探、近场精探"的策略，通过 AUV 搭载侧扫声呐设备获取扫测任务区域的数据，并通过解析以获得原始观测数据，实现在不同环境中的高效数据采集。

（2）处理阶段：对获得的在航侧扫声呐数据进行实时处理以获得高质量图像，为后续实时智能探测模型提供高质量输入。

（3）探测阶段：对输入实时智能探测模型的高质量侧扫声呐在航条带图像进行探测。其中，在任务开始前，通过数据样本扩增技术以增加水下目标样本数量，为实时智能探测模型的训练提供庞大的数据库，以提升模型泛化能力，达到提升模型性能的目的，其中实时智能探测模型包括：实时检测模型和智能分割模型。使用训练好的实时智能模型开展水下目标探测任务，模型在任务中获取到的水下目标数据将反馈给数据库，用以数据库的丰富和后续模型的优化迭代，从而进一步提升性能，实现数据训练模型–模型反馈数据–新数据再训练模型的正循环。

在远场粗探阶段，利用已训练好的智能探测模型进行初步的疑似目标检测。一旦发现疑似目标，AUV 根据疑似目标进入近场精探阶段。在近场精探阶段，将实时检测模型检测到的水下目标图像输入智能分割模型，对图像进行目标分割与关键信息的提取和挖掘。

（4）输出阶段：考虑到水声通讯带宽限制以及 AUV 回传数据格式限制，将探测阶段的水下目标关键信息和图像通过数据压缩技术进行打包压缩，并通过水声通信实时回传至母船，完成水下目标的实时探测。常用的数据压缩编码方法有熵编码、霍夫编码、算数编码、行程长度编码等[140]。

通过整个工作流程，融合了远场粗探、近场精探的策略，充分考虑了作业安全、数据质量和作业效率，使得该系统实时探测工作更加完整和高效。

2.4　关　键　技　术

通过对上述工作流程的分析和展示，揭示了基于 AUV 搭载的侧扫声呐实现水下目标实时智能探测所需解决的核心难题，分别提出了数据实时处理、高代表样本扩增、实时智能探测模型构建三个关键技术，这些技术的实现是整个系统实现实时智能探测的关键。

1. 数据实时处理

侧扫声呐在航条带数据实时处理及高质量成图是水下目标实时智能探测的前提。不仅确保了侧扫声呐数据的即时可用性，还顾及海洋噪声以及水声信号时变性和空变性对图像质量的影响，通过原始数据质量控制、海底线自动检测、辐射畸变改正和图像消噪等技术对在航条带数据进行实时处理，为后续水下目标实时智能探测模型提供实时的高质量图像，从而提高整体的探测准确性。本书第 3 章将进行重点研究。

2. 高代表样本扩增

足够数量的高代表性样本是训练高性能探测算法的前提，是最终形成高性能智能探测模型的关键组成。水下目标的声呐图像样本较少，甚至存在没有声呐图像的实际目标，因此通过样本扩增方法，克服侧扫声呐图像样本稀缺的问题，为实时智能探测模型的训练提供了丰富的数据基础，进一步增强了模型的泛化能力和鲁棒性。本书第 4 章将进行重点研究。

3. 实时智能探测模型构建

实时智能探测模型构建是实现水下目标实时检测、高精度分割和几何信息提取的关键。实时智能探测模型由实时检测模型和智能分割模型构成，检测模型解决在航条带图像的目标"实时检测"问题，分割模型解决目标的"高精度分割"以及关键信息提取。水下目标探测对模型在精度和效率上提出了较高的要求，因此，算法的设计均需结合海洋环境的特点、水下目标的特征以及在航条带图像特点进行有针对性的设计。同时，考虑到 AUV 的工程设计和控制模块的计算性能，在算法结构和参数数量上均采用轻量化、小型化设计。本书 5、6 章将分别进行重点研究。

上述三个关键技术的提出与实现，构建了一个全面而高效的实时智能探测系统，为基于 AUV 的侧扫声呐水下目标实时智能探测奠定了坚实基础。本书后续章节将针对数据实时处理、高代表样本扩增、实时智能探测模型构建三个关键技术展开详细的研究，以克服水声通信限制，实现更加准确、高效的水下目标实时智能探测。其中，实时智能探测模型构建包括实时检测模型和高精度分割模型，以期在各个层面实现最优的探测效果。

2.5　本　章　小　结

针对现有探测方式无法实现水下目标实时探测的问题，本章建立了基于 AUV 的侧扫声呐水下目标探测系统并介绍了各组成设备的工作原理，同时结合实时智能探测需要，建立了基于 AUV 的侧扫声呐水下目标实时智能探测机制，具体工作及贡献如下：

（1）建立了基于 AUV 的侧扫声呐水下目标实时探测系统，主要包括 AUV 平台、嵌入式侧扫声呐、实时智能探测模块、定位系统以及通信系统，并介绍了各部分在整个 AUV 作业平台中的配置方法与工作原理；

（2）建立了基于 AUV 的侧扫声呐水下目标实时智能探测机制，包括保证设备安全、优化作业效率和获取高质量数据的作业原则、顾及 DVL 有效对底高度的"远场粗探、近场精探"策略，并据此提出了探测流程，揭示了其中涉及的数据实时处理、高代表样本扩增、实时智能探测模型构建三个关键技术。

本章是全文的统领，在后续章节中，将以此系统及机制为基础，针对涉及的关键技术展开研究。

第3章 侧扫声呐在航条带数据实时处理及高质量成图

3.1 引 言

　　侧扫声呐在航条带数据实时处理及高质量成图是水下目标实时智能探测的前提。针对海洋环境噪声对数据质量的严重影响以及由于缺少先验信息，目前基于AUV 的侧扫声呐数据主要采用事后处理，无法满足水下目标图像在航实时获取的问题，本章开展数据实时处理技术研究，提出了侧扫声呐在航条带数据实时处理及高质量成图方法，重点解决原始数据实时质量控制、实时海底线自动跟踪、辐射畸变实时改正和条带图像的实时消噪四个关键难点问题，技术路线及主要工作如下（图 3.1）：

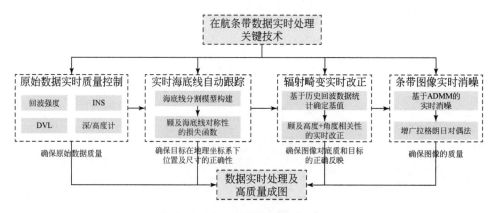

图 3.1　侧扫声呐在航条带数据实时处理技术路线

　　（1）介绍了侧扫声呐数据后处理流程，根据 AUV 水下目标探测实际，给出了侧扫声呐在航条带实时处理流程，分析了其中存在的关键技术难点，包括：原始数据质量控制、海底线自动跟踪、辐射畸变改正和图像消噪。

　　（2）开展了在航条带侧扫声呐数据实时处理关键技术方法研究。

　　①提出了原始数据实时质量控制方法，确保回波强度、INS、DVL、深/高度

等多源原始观测数据的质量。

②提出了联合语义分割和顾及瀑布图像分布特点的实时海底线自动跟踪方法，构建海底线分割模型，包括提出顾及海底线对称性的损失函数，为海底线自动跟踪提供了更高的效率和准确性。

③提出了基于先验方法确定基值的辐射畸变实时改正方法，通过历史回波数据统计分布特征自动确定基值并顾及角度相关性，从而提高辐射畸变的实时改正精度。

④提出基于交替方向乘子法（ADMM）的条带图像实时消噪方法，提高条带图像的质量和实时处理的性能。

（3）开展渤海湾海上试验，验证基于 AUV 的侧扫声呐在航条带数据实时处理及高质量成图方法的有效性和实用性。

本章研究旨在实现基于 AUV 的侧扫声呐在航条带数据实时处理与高质量成图，为水下目标探测模型提供高质量的图像输入。

3.2 侧扫声呐数据后处理与实时处理

3.2.1 侧扫声呐数据后处理

侧扫声呐条带图像后处理包括原始二进制观测文件解码及原始数据提取、原始观测数据的质量控制、回波强度数据转换、条带瀑布图像的生成、海底线跟踪、斜距改正、辐射畸变改正、图像消噪及地理编码等内容（图 3.2）。

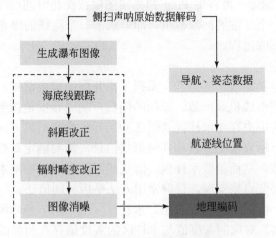

图 3.2 侧扫声呐数据处理流程图

1. 解码及数据质量控制

侧扫声呐系统以 XTF 格式对各种数据进行存储以达到节省存储空间，提高读写效率的目的。XTF 数据文件通常包含了关于侧扫声呐的脉冲（Ping）信息，实际的声呐返回数据以及其他仪器（如定位系统）获得的数据。

为提高侧扫声呐数据的准确性、完整性和可靠性，确保获得高质量的原始观测数据，根据数据协议，利用 XTF 格式对观测的侧扫声呐二进制文件解码，提取其回波强度、定位、姿态、时序等原始观测信息，并通过人工或人工结合半自动滤波方法对原始观测信息进行质量控制，为后续侧扫声呐数据处理以及高质量条带图像的获取奠定基础。

2. 回波强度数据转换

侧扫声呐输出的回波强度值被系统量化到 11 位或者 64 位，为方便后续处理和减少存储空间，通常将其量化成图像的灰度级，方便显示。常用的量化公式如式（3.2.1）：

$$G = C \times \ln\left(\frac{2^n \times BS}{2^m}\right) \tag{3.2.1}$$

其中，G 为转换的图像灰度值；C 为用户自定义的常数；m 为原始回波数据取值范围对应字节数；n 为量化后取值范围对应的字节数，若 $n=8$，则将原始回波强度数据转化为灰度图像；BS 为接收的原始回波强度。

3. 瀑布图像的生成

侧扫声呐回波数据的显示形式为瀑布图。对解码提取的回波强度数据按照式（3.2.1）处理，同时按采样的时间顺序（即时序回波）垂直航向依次排列每个回波，最终得到一 Ping 图像；再将每 Ping 扫描线图像按探测时间顺序沿航行方向等间隔的排列，得到一个二维的回波数组，即形成了一个测线的瀑布图像。图 3.3 给出了瀑布图像的形成过程。

4. 海底线跟踪

海底线跟踪是斜距改正等后续一系列工作开展的重要前提。由前述侧扫声呐工作原理即瀑布图形成机理所致，原始的侧扫声呐瀑布图是按照回波时序记录斜距形成，瀑布图的中央存在水柱区（图 3.3），导致垂直航迹方向存在几何畸变，无法反映图像中目标真实的位置和几何形状信息，需要确定每行第一个海底回波位置，即海底追踪，从而消除水柱区。海底线跟踪是通过检测水柱区灰度和海底图像灰度之间的突变点来实现，目前常用方法是振幅阈值法。

以左舷为例，由图 3.3 可以看出，水柱区（$N_0 \sim N_b$）基本没有回波；来自海底的回波（$N_b \sim N_l$）对应的灰度值与水柱区的灰度值存在明显的差异。若能给定一个区分水柱区和海底回波区图像的灰度阈值，则可以实现海底线的提取。

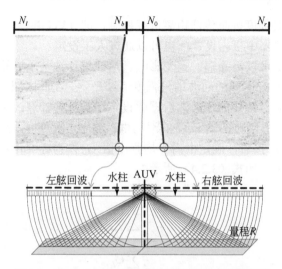

图 3.3　多 Ping 扫描线按照时序排列形成的瀑布图

若给定灰度阈值为 G_0，则海底或灰度的突变点可以通过下式确定：

$$G > G_0 \tag{3.2.2}$$

式中，G 为瀑布图中的灰度值。从 N_0 到 N_l，利用上式（3.2.2）对照每个像素的灰度值，满足的位置即对应该 Ping 的海底位置；寻找时序 Ping 的海底点，按照行进方向将这些点连接起来即形成海底线。

5. 斜距改正

斜距改正是为了消除几何畸变的影响。根据侧扫声呐成像机理（图 3.3），利用海底线检测得到的第一个海底，也即侧扫声呐设备到正下方海底的高度 H，将记录的每个回波的斜距（侧扫声呐到海底回波点的距离）R 转换为回波点相对航迹线的水平距离 L。

$$\begin{cases} L = \sqrt{R^2 - H^2} \\ R = \dfrac{ct}{2} \end{cases} \tag{3.2.3}$$

式中，R 为声波的传播距离；H 为根据海底线位置计算的侧扫声呐设备高度。

经过斜距改正后，侧扫声呐瀑布图像垂直航迹方向的畸变将会得到有效抑制，生成的图像能够真实反映侧扫声呐探测目标的地理空间分布和真实的几何形态。

6. 辐射畸变改正

侧扫声呐设备发射的声波受水中介质特性、海底反射、海水吸收等因素影响，导致回波强度不规则，进而导致得到的瀑布图在横向存在与角度相关的强度或灰度变化，即辐射畸变，需要进行改正。

在探测过程中，为实现等强度入射，侧扫声呐通过时间增益（Time Vary Gain，

TVG）对入射声波强度按照传播距离进行控制，即 TVG 补偿。侧扫声呐的 TVG 补偿函数可以在仪器中事先设置，也可以通过人工设定。

用统计增益法可以消除辐射畸变影响。增益统计法基于沿航迹区域内海底的平稳变化，使得各 Ping 间的回波信号强度连续稳定。在此区域，先计算平均回波能量并绘制声波能量统计曲线，然后据此设定增益，并计算改正系数，改正步骤如下：首先，取一个宽为 d，长为 l 的滑动框；然后，测算框内沿航迹每列的回波或灰度 G 平均值；接着，确定框内平均强度值 G_0 作为标准化基值；最后，为每列计算的改正因子，如式（3.2.4）所示。

$$G'_{i,j} = G_{i,j} \times a$$

$$a_j = \frac{\dfrac{1}{d \times l} \sum\limits_i^d \sum\limits_k^l G_{i,k}}{\dfrac{1}{d} \sum\limits_i^d G_{i,j}} \tag{3.2.4}$$

式中，d 为滑动框宽度；l 为 1.5 倍扫幅；a 为改正系数；G 为原图像灰度值；G' 为增益后的图像灰度值。

经过辐射畸变改正后，整个条带图像的灰度变化相对均匀，在垂直航迹向和沿航迹向图像灰度对同底质地物具有一致的表达性，也实现了图像增强。

7. 图像消噪

在侧扫声呐探测时，海洋环境、设备本身及其他多种原因会导致噪声的产生，进一步降低图像的清晰度。这些噪声通常表现为椒盐状、高斯型和条纹状。为了有效地降低这些噪声对图像的影响，同时保留其主要特征，根据不同噪声类型选择不同的处理策略：对于椒盐状噪声，中值滤波是一个有效的消除方法；对高斯噪声，均值滤波或高斯滤波是常用的处理手段；而针对条纹状噪声，通常选择频域滤波来进行处理。

8. 地理编码

侧扫声呐瀑布图像是回波强度序列按照探测时序排列形成的图像，不具备地理坐标信息。为了赋予图像位置信息，需要利用定位数据、罗经数据以及姿态传感器数据对回波点在地理坐标系下的坐标进行归算。

在对侧扫声呐图像进行斜距改正后，每 Ping 的中心像素理论上代表 AUV 的正下方。一旦 AUV 的空间位置被确定，中心像素的三维坐标也就能被推导出来。在单个 Ping 内，从任意像素到中心像素的距离称为平距，其方向角与航向垂直。根据距离和方向角，可以推算出海底各点的实际地理位置。

如图 3.4，该 Ping 中央像素点 P_0（X_0, Y_0），即 AUV 正下方的映射点在平面直角坐标系的地理位置。若侧扫声呐的最大探测范围为 R，单侧采样数为 N，航向角为 α。由于每 Ping 回波与 AUV 的航迹方向是垂直的，故左右两边的方位角可以被定义为$\theta=\alpha-\pi/2$、$\theta=\alpha+\pi/2$。将该 Ping 的第 i 个回波定义为 P_i，则 P_i 的地理坐标 $(X_i,\ Y_i)$ 如公式 (3.2.5)：

$$X_i = X_0 + R \times \cos(\alpha \pm \pi/2) \times i/N$$
$$Y_i = Y_0 + R \times \sin(\alpha \pm \pi/2) \times i/N$$

（3.2.5）

获得了每个回波点的地理坐标后，按照设置的图像分辨率，对图像格网化，每个格网对应一个像素，最终形成地理编码后的条带图像。

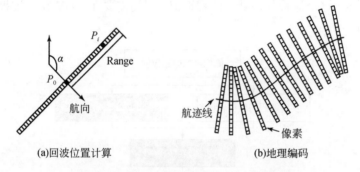

(a)回波位置计算　　　　　　　　(b)地理编码

图 3.4　侧扫声呐回波位置计算及地理编码

综上所述，图 3.5 给出了瀑布图像的生成、海底线跟踪、斜距改正、辐射畸变改正、图像消噪以及地理编码的全过程。

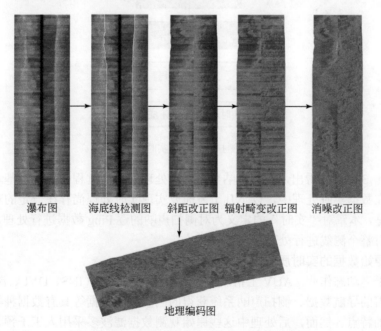

瀑布图　　海底线检测图　　斜距改正图　　辐射畸变改正图　　消噪改正图

地理编码图

图 3.5　侧扫声呐数据后处理流程及效果示意图

3.2.2　侧扫声呐数据实时处理

以上介绍了侧扫声呐数据后处理流程及方法，就一般获取地貌和常规探测任务而言，后处理完全可以满足条带图像获取的需求。而面对水下目标实时探测对现场侧扫声呐图像的在航获取需求，后处理显然难以实时获取侧扫声呐图像。为此，根据 AUV 水下目标探测的实际情况，以下给出侧扫声呐数据实时处理流程如图 3.6 所示。这个流程与后处理流程近似，但均需要在 AUV 在航过程中实时开展数据处理。

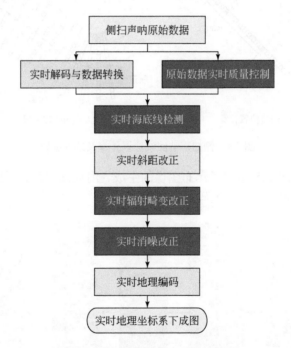

图 3.6　侧扫声呐数据实时处理流程

从图 3.6 可以看出，侧扫声呐数据实时处理的基本过程与后处理基本相同。但是，在数据实时处理中，以下几个方面要实现实时处理尚存在一定的难度需要强调的是，本章对"实时"的定义为对侧扫声呐的逐 Ping 数据进行处理，而不是传统的对整个测线进行处理。

1. 原始数据的实时质量控制

由于为动态作业，AUV 上搭载的导航定位组合系统（INS、DVL、深/高度计等）获得的导航数据、侧扫声呐系统获得的回波强度数据等具有数据种类多、数据量大的特点。然而，后处理中这些原始观测数据滤波多采用人工干预、人工阈值或自动滤波方法。在自动滤波中，不同于事后滤波，实时数据序列只存在前序观测值，尚无后续观测信息，且无法人为地根据数据质量设置阈值，因此现有后处理中的滤波方法不适用。

2. 实时海底线跟踪

在后处理中，海底线跟踪多采用阈值法，且阈值需要根据人工经验设置。显然，人工阈值法难以满足实时处理的需要，需要建立新的海底线自动跟踪方法。

3. 实时辐射畸变改正

在后处理方法中，辐射畸变改正通过在局部窗口 $d \times l$ 内计算基值，再将宽度为 d 的沿航迹序列的灰度值通过比例系数归算到基值上。这种算法顾及了局部窗口的灰度一致性问题，尚未顾及整个条带基值的变化问题，而整个条带的灰度基值确定只有获得全条带图像后才能进行，因此无法满足实时辐射畸变改正的需求。

4. 条带图像的实时消噪

侧扫声呐系统为高分辨率成像系统，形成的条带数据量非常大，单 Ping 获取的回波数量为数万个，基于后处理中常采用的中值、均值滤波方法，通过全图遍历实现滤波必将耗费大量的时间，难以满足条带图像的实时消噪需求。

3.3　在航条带数据实时处理关键技术

针对上述侧扫声呐数据实时处理存在的难点问题，接下来开展侧扫声呐在航条带数据实时处理关键技术研究，主要包括原始数据实时质量控制、实时海底线自动跟踪、辐射畸变实时改正和条带图像的实时消噪改正四个关键技术。

3.3.1　原始数据实时质量控制

针对基于 AUV 的侧扫声呐数据具有种类多、数据量大的特点，而现有后处理的滤波方法无法适用的问题，提出了在航条带原始数据实时质量控制方法。侧扫声呐观测的原始数据主要包括回波强度数据、INS、DVL 和深/高度计等数据，只有对这些数据进行实时预处理和滤波，才能获取高质量的原始观测信息。

3.3.1.1　回波强度数据滤波

回波强度是形成在航条带图像的基础，是决定侧扫声呐成像质量的关键参数，其稳定性和准确性至关重要。假设单 Ping 扫幅内海底底质、地形变化均匀，侧扫声呐单 Ping 回波强度变化具有渐变性，据此在 Ping 序列内给出基于统计特征的滑动滤波方法，消除 Ping 回波序列中的异常回波强度的影响。

假设 Ping 内回波强度序列为 $BS=\{BS_1,\ BS_2,\ BS_3,\ \cdots,\ BS_n\}$，设定窗口长度

为 m，则在 m 窗口内，利用以下模型计算实时滤波参数。

$$BS_0 = \frac{1}{m}\sum_{j=1}^{m} BS_j$$

$$\Delta BS_j = BS_j - BS_0 \tag{3.3.1}$$

$$\sigma = \sqrt{\frac{\sum_{j=1}^{m}(BS_j - BS_0)^2}{m-1}}$$

基于以下原则，对窗口内的回波强度进行滤波。

$$
\begin{aligned}
&\text{if} \quad \Delta BS_j \leqslant 3\sigma \quad \text{then} \quad 保留 \\
&\qquad \Delta BS_j > 3\sigma \qquad\qquad 剔除
\end{aligned}
\tag{3.3.2}
$$

在 $BS_1 \sim BS_n$ 内，以 $m/2$ 步长每次滑动一个长度为 m 的窗口，在窗口内开展以上滤波，剔除异常回波强度的影响，确保原始回波强度质量。为了适应不同的地形和噪声环境，根据具体情况调整 m 的取值。对于噪声较小且地形比较平坦的区域，我们选择较小的窗口大小，如 $m=5$，以实现更快的处理速度。而在噪声较大且地形复杂的海域，建议采用较大的窗口大小，例如 $m=20$，以确保更为稳健的噪声减少和更好的地形变化表示。

以上方法保证了 Ping 内回波强度的质量，在多 Ping 间相同波束形成的序列内开展类似工作，保证沿航迹向回波强度变化的一致性。这种横向滤波（Ping 内）和纵向滤波（Ping 间）的综合应用，不仅确保了回波强度在反映扫测方向一致性的同时，也进一步保证了回波强度数据的高质量。

3.3.1.2 INS、DVL、深/高度数据滤波

1. INS 系统数据质量控制

INS 提供位置和姿态数据，INS 系统在初始化后，通过导航算法对惯性测量单元输出的角速度和比力信息进行积分运算得到 AUV 的导航信息。INS 输出的导航和姿态信息主要包括姿态更新（Roll，Pitch，Yaw）、方位更新（Heading）、速度更新（v_x，v_y）、位置更新（X，Y）。

INS 输出 AUV 的加速度、速度和通过"一点一方位"推算获得 AUV 平面位置。

$$
\begin{cases}
X_t = X_0 + v_0 \cos\theta(t - t_0) \\
Y_t = Y_0 + v_0 \sin\theta(t - t_0)
\end{cases}
\tag{3.3.3}
$$

式中，（X_t，Y_t）为异常时刻 t 的平面坐标，（X_0，Y_0）为异常值出现前一时刻 t_0 对应的平面位置；v_0 为 t_0 时刻的 AUV 速度；θ 为 t_0 时刻 AUV 的方位角。

使用卡尔曼（Kalman）滤波融合加速度、速度和位置信息，实现数据滤波。

离散线性系统的 Kalman 滤波模型如下：

$$\begin{cases} X(t) = \varPhi_{t,t-1}X(t-1) + \varGamma_{t,t-1}\omega(t-1) \\ Z(t) = H_t X(t) + \Delta(t) \end{cases} \tag{3.3.4}$$

上式中，$X(t)$ 表示 t 时刻某离散线性系统的 n 维状态矩阵，$\varPhi_{t,t-1}$ 为该系统的状态转移矩阵，$X(t-1)$ 表示 $t-1$ 时刻该系统的状态矩阵，$\varGamma_{t,t-1}$ 表示该系统的过程噪声输入矩阵，$\omega(t-1)$ 为 $t-1$ 时刻该系统的过程噪声，一般服从高斯分布；$Z(t)$ 表示 t 时刻的观测值，H_t 为 t 时刻的状态矩阵 $X(t)$ 与观测矩阵 $Z(t)$ 之间的转换关系，$\Delta(t)$ 表示 t 时刻系统的观测噪声，一般服从高斯分布。

Kalman 滤波包括两个步骤：时间预测和量测更新。时间预测是结合 t 时刻之前 $t-1$ 个时刻的观测值 $Z(1)$、$Z(2)$、$\cdots$、$Z(t-1)$ 来估计 t 时刻的状态 $X(t)$，将时间预测得到的状态估值记为 $\hat{X}(t,t-1)$。时间预测过程由式（3.3.5）给出，其中 $D_{\hat{X}}(t,t-1)$ 和 $D_\omega(t-1)$ 分别表示预测方差和过程误差的方差阵。

$$\begin{cases} \hat{X}(t,t-1) = \varPhi_{t,t-1}\hat{X}(t-1) \\ \Delta\hat{X}(t,t-1) = \varPhi_{t,t-1}\Delta\hat{X}(t-1) + \varGamma_{t,t-1}\omega(t-1) \\ D_{\hat{X}}(t,t-1) = \varPhi_{t,t-1}D_{\hat{X}}(t-1)\varPhi_{t,t-1}^T + \varGamma_{t,t-1}D_\omega(t-1)\varGamma_{t,t-1}^T \end{cases} \tag{3.3.5}$$

Kalman 滤波的量测更新是结合 t 时刻及其之前 $t-1$ 个时刻的观测值 $Z(1)$、$Z(2)$、$\cdots$、$Z(t-1)$、$Z(t)$ 对 t 时刻的状态 $X(t)$ 进行估计，将此估计值记为 $\hat{X}(t)$。更新过程由式（3.3.6）给出，其中 K_t 和 $V_Z(t, t-1)$ 分别为 t 时刻的增益矩阵和新息矩阵，$\Delta\hat{X}(t)$ 为滤波误差，$D_{\hat{X}}(t)$ 和 $D_\Delta(t)$ 分别为滤波方差及观测方差。

$$\begin{cases} \hat{X}(t) = \hat{X}(t,t-1) + K_t V_Z(t,t-1) \\ K_t = D_{\hat{X}}(t,t-1)H_t^T[H_t D_{\hat{X}}(t,t-1)H_t^T + D_\Delta(t)]^{-1} \\ V_Z(t,t-1) = Z(t) - H_t\hat{X}(t,t-1) \\ \Delta\hat{X}(t) = (I - K_t H_t)\Delta\hat{X}(t,t-1) - K_t\Delta(t) \\ D_{\hat{X}}(t) = (I - K_t H_t)D_{\hat{X}}(t,t-1)(I - K_t H_t)^T + K_t D_\Delta(t)K_t^T \end{cases} \tag{3.3.6}$$

如式（3.3.7）所示，在修复平面坐标长期异常的过程中，t 时刻对应的状态矩阵 $X(t)$ 由该时刻 INS 系统提供的平面坐标 (X_t, Y_t)、运动速度 (v_t^x, v_t^y) 及加速度 (a_t^x, a_t^y) 组成；同时刻的观测矩阵 $Z(t)$ 也由以上量测信息组成。

$$\begin{cases} X(t) = [X_t \quad Y_t \quad v_t^x \quad v_t^y \quad a_t^x \quad a_t^y]^T \\ Z(t) = [X_t \quad Y_t \quad v_t^x \quad v_t^y \quad a_t^x \quad a_t^y]^T \end{cases} \tag{3.3.7}$$

该系统的状态方程由式（3.3.8）给出。

$$
\begin{cases}
X_t = X_{t-1} + v_t^x \Delta t + \dfrac{1}{2} a_t^x \Delta t^2 \\[2mm]
Y_t = Y_{t-1} + v_t^y \Delta t + \dfrac{1}{2} a_t^y \Delta t^2 \\[2mm]
v_t^x = v_{t-1}^x + a_t^x \Delta t \\[2mm]
v_t^y = v_{y_{t-1}} + a_t^y \Delta t
\end{cases}
\tag{3.3.8}
$$

基于上式可得式（3.3.9）中的状态转移矩阵 $\Phi_{t,t-1}$、噪声输入矩阵 $\Gamma_{t,t-1}$ 和转换矩阵 H_t 如下：

$$
\Phi_{t,t-1} =
\begin{bmatrix}
1 & 0 & \Delta t & 0 & \Delta t^2/2 & 0 \\
0 & 1 & 0 & \Delta t & 0 & \Delta t^2/2 \\
0 & 0 & 1 & 0 & \Delta t & 0 \\
0 & 0 & 0 & 1 & 0 & \Delta t \\
0 & 0 & 0 & 0 & 1 & 0 \\
0 & 0 & 0 & 0 & 0 & 1
\end{bmatrix},
$$

$$
\Gamma_{t,t-1} =
\begin{bmatrix}
\Delta t^3/6 & 0 \\
0 & \Delta t^3/6 \\
\Delta t^2/2 & 0 \\
0 & \Delta t^2/2 \\
\Delta t & 0 \\
0 & \Delta t
\end{bmatrix}
\tag{3.3.9}
$$

$$
H_t =
\begin{bmatrix}
1 & 0 & 0 & 0 & 0 & 0 \\
0 & 1 & 0 & 0 & 0 & 0 \\
0 & 0 & 1 & 0 & 0 & 0 \\
0 & 0 & 0 & 1 & 0 & 0 \\
0 & 0 & 0 & 0 & 1 & 0 \\
0 & 0 & 0 & 0 & 0 & 1
\end{bmatrix}^{\mathrm{T}}
$$

2. DVL 系统数据质量控制

DVL 系统为 AUV 在航行过程中提供速度信息。然而，在实际工作中，由于复杂的水底环境和 AUV 的动态行为，如上下浮动和转向，会产生测速偏差，称为 DVL 粗差。尽管一些数值较大的 DVL 粗差可以通过 AUV 运动学约束和 INS 系统的信息进行检测和剔除，但在使用低成本的 INS 系统时，这些误差通常是难以识别和消除，会影响到侧扫声呐图像的质量。

为解决此问题，考虑使用侧扫声呐图像来辅助检测和修复这些 DVL 粗差。具体而言，采用了二进制鲁棒不变可扩展要点（Binary Robust Invariant Scalable Keypoints，BRISK）算法对连续的侧扫声呐帧进行关键点检测和描述。BRISK 算法结合了自适应通用加速段测试（Adaptive and Generic Accelerated Segment Test，AGAST）角点检测器来进行快速的角点定位，并使用高斯金字塔实现尺度不变性，之后，利用同心圆采样模式来生成快速的二进制描述符，以实现旋转不变性。描述符的生成则是基于一个简单的原则，给定两个采样点 p 和 q，其亮度值分别为 $I(p)$ 和 $I(q)$，描述符的一个元素可以通过以下方式确定：

$$b(p,q)=\begin{cases}1 & I(p)<I(q)\\0 & I(p)\geqslant I(q)\end{cases} \tag{3.3.10}$$

这种描述方式不仅简化了匹配过程，利用汉明距离作为匹配度量，还提高了算法的速度和鲁棒性。

通过 BRISK 算法，可以从连续的侧扫声呐帧中提取和匹配关键点。这些关键点提供了 AUV 的相对运动信息，因为同一侧扫声呐帧内的横向数据具有固定的空间关系。通过比较这些匹配的特征点，我们可以估计它们在连续帧之间的横向移动，从而推算出 AUV 的横向速度。对应方法的具体操作步骤由图 3.7 给出。

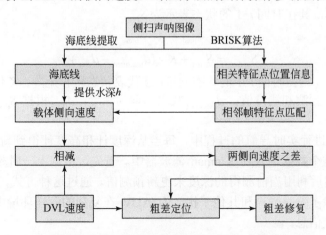

图 3.7　基于侧扫声呐图像的 DVL 异常值处理

（1）侧扫声呐图像海底线提取：首先，从侧扫声呐图像中提取海底线，并根据此计算出 AUV 的侧向速度。

（2）特征点提取与匹配：与步骤（1）同步进行，使用 BRISK 算法对侧扫声呐图像中的关键点进行提取和描述。然后，将连续帧中的关键点进行匹配。

（3）估计 AUV 横向速度：通过匹配的特征点之间的空间关系，计算 AUV 的横向速度。

（4）计算速度差异：将步骤（3）中计算出的 AUV 速度与 DVL 提供的速度进行比较，计算两者的速度差。

（5）DVL 粗差定位：根据步骤（4）中的速度差，定位 DVL 的粗差。

（6）粗差修复：一旦确定了 DVL 粗差的位置和幅度，采取适当的措施进行修复。

通过这种方法，旨在确保 DVL 数据的准确性，从而进一步提高侧扫声呐在航数据的实时处理质量和生成的侧扫声呐图像的清晰度。

3. 深度计/高度计数据质量控制

作为 AUV 的重要导航传感器，深度计和高度计都是基于声波的传播时间来测量距离的。然而，由于各种环境因素，声波的传播可能会受到干扰，从而导致测量误差。

为确保数据的准确性和质量，考虑到 AUV 在水中的运动可能是均匀和连续的，提出了基于 Kalman 滤波的质量控制方法进行深度计和高度计数据的质量控制。

Kalman 滤波是一个迭代的过程，它主要由两个步骤组成：首先基于上一状态预测当前状态，然后使用当前的观测数据来修正预测状态。

设状态向量为 $s=[d, d^{\cdot}]$，其中 d 代表深度，$d^{\cdot}$ 代表深度的变化率。对于在时间 t 的状态，其在时间 $t-1$ 的状态表示为 S_{prev}。

$$S_{\text{pred}} = A \times S_{\text{prev}} \tag{3.3.11}$$

$$S_{\text{update}} = S_{\text{pred}} + K \times (d_{\text{measured}} - d_{\text{pred}}) \tag{3.3.12}$$

其中，S_{prev} 为在时间 $t-1$ 的状态向量；A 代表状态转移矩阵；K 代表卡尔曼增益，用于平衡预测和测量值；d_{measured} 代表当前的深度；d_{pred} 根据 S_{pred} 预测的当前深度。

在 AUV 进行实时导航的过程中，每当从深度计和高度计得到新的深度数据，都会立即将这个数据输入到 Kalman 滤波器中。首先，根据上一时刻的状态 S_{prev} 进行预测，然后利用当前测得的深度来更新预测值。通过这种方式，Kalman 滤波器有效地消除了瞬时噪声和其他干扰，为 AUV 在复杂的海洋环境中提供了稳定和准确的深度信息。

3.3.2　实时海底线自动跟踪

3.3.2.1　海底线分割模型构建

传统海底线提取方法往往根据灰度阈值获取海底和水体的临界点，针对基于人工阈值法的海底线自动跟踪难以满足实时处理需求的问题，同时为了避免因各种干扰因素对海底线提取带来的影响，提出了一种联合语义分割和顾及瀑布图像分布特点的海底线自动跟踪方法。

语义分割模型是对图像中的每一个像素进行分类从而实现图像目标和背景区之间的分割。为获得较高的分割精度和效率，引入适合侧扫声呐图像特点的 Unet 网络结构作为基础模型，其网络结构如图 3.8 所示。

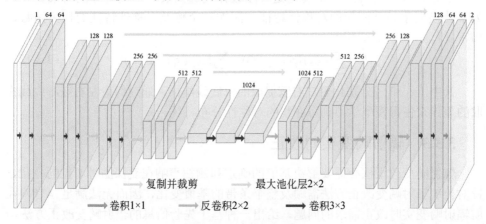

图 3.8　Unet 网络结构

Unet 由特征提取网络（左侧）和特征融合网络（右侧）组成。特征提取网络是典型的卷积网络架构，含有一种重复结构，每次重复中都有 2 个 3×3 卷积层、非线性 ReLU 层和一个 2×2 池化层。特征融合网络也使用了一种相同的排列模式：使用反卷积（图中灰箭头）减半特征通道数量，翻倍特征图尺寸；反卷积后，将结果与特征提取网络中对应的特征进行拼接；特征提取网络中的特征图尺寸稍大，将其修剪过后进行拼接（浅绿箭头）；对拼接后的特征图再进行 2 次 3×3 的卷积；最后一层的卷积核大小为 1×1，将 64 通道的特征图转化为二分类数量的结果（图中绿箭头）。

3.3.2.2　损失函数构建

对称性是海底线的重要特征，传统海底线跟踪算法常根据此特性对海底线跟踪结果进行优化。尽管现有语义分割网络可以编码丰富的环境上下文信息，但是它们并不具备明确学习海底线对称性的能力。因此，当瀑布图中某一侧连续 Ping 的水柱区出现较强干扰时，现有网络将无法有效利用对称位置的信息对图像进行正确分割。为减弱水柱区强回波的干扰以及使网络具备综合图像对称位置信息的能力，本节构建了顾及海底线对称性的损失函数。

在原始网络中，模型使用带边界权值的损失函数。其公式如下：

$$E = \sum_{x \in \Omega} w(x) \lg(p_{l(x)}(x)) \tag{3.3.13}$$

其中 p 是 softmax 损失函数，l 是像素点的标签值，其中 $w(x)$ 为权重函数：

$$w(x) = w_c(x) + w_0 \cdot \exp\left(-\frac{(d_1(x) + d_2(x))^2}{2\sigma^2}\right) \tag{3.3.14}$$

上述损失函数目的是让模型更关注边界处的像素点，使得分割效果更好。为了让模型学习到图像的对称性特征，添加一个顾及对称性特征的损失函数，如下式：

$$E = \sum_{x \in \Omega} w(x) \lg(p_{l(x)}(x)) + \sum_{x \in \Omega} \lg(p(x_1) - p(x_2)) \tag{3.3.15}$$

其中，x_1 和 x_2 分别代表左右舷提取的海底线结果，通过约束左右舷海底线提取的差异来使得模型学习到海底线的对称性分布特征。

3.3.3 辐射畸变实时改正

辐射畸变改正核心需要解决基值的确定和侧扫声呐在航探测时增益的变化，针对传统辐射畸变改正方法需顾及整个条带的基值变化，因而无法满足 AUV 在航辐射畸变实时改正需求的问题，给出一种基于先验信息的辐射畸变改正方法。

侧扫声呐的回波强度变化与 AUV 到海底的高度紧密相关，特别是当 AUV 到海底的距离增加时，由于声波在水中的传播损失，回波的强度逐渐减弱。为此，基于历史的侧扫声呐图像，统计不同高度下的平均回波强度 BS_0，并形成 AUV 高度与 BS_0 的数据对。

$$\left\{ (BS_0^1, D_1), (BS_0^2, D_2) \cdots (BS_0^n, D_n) \right\} \tag{3.3.16}$$

对于 AUV 高度 D_i，其对应的回波强度平均值 BS_0^i 通过统计对应图像的两个区域的回波强度的均值来获得。

如图 3.9 所示，利用左舷图像区 -32°～-28°、右舷图像区的 28°～32° 回波强度均值作为对应深度 D_i 的回波强度基值，因为此范围回波信号相对稳定，并能准确代表当前深度的平均回波强度。设在该区域该 AUV 高度下 m 个回波强度，则：

$$BS_0^i = \frac{1}{m} \sum_{j=1}^{m} BS_j \tag{3.3.17}$$

根据以上序列，建立基值与 AUV 高度的关系模型：

$$BS_0(D) = a_0 + a_1 D + a_2 D^2 \tag{3.3.18}$$

通过拟合历史数据，基于最小二乘法的回归分析得到模型的参数 a_0，a_1 和 a_2。

利用以上模型，将前面海底线跟踪得到的 AUV 高度代入上式，即得到了侧扫声呐在不同 AUV 高度下的基准。获得了辐射畸变改正基值后，寻求改正曲线。取当前 Ping 和前序 10Ping 的回波强度数据，按照同波束取平均，得到与角度 θ 对应的改正序列：$\left\{ (BS_0^{\theta 1}, \theta_1), (BS_0^{\theta 2}, \theta_2) \cdots (BS_0^{\theta k}, \theta_k) \right\}$。

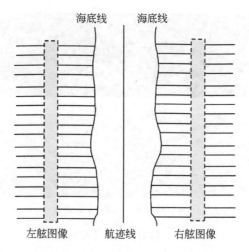

海底线　　海底线

左舷图像　航迹线　右舷图像

图 3.9　基于历史图像的侧扫声呐回波强度基值确定

则对于一个 Ping 序列，存在序列：$\left\{(BS^{\theta 1},\theta_1),(BS^{\theta 2},\theta_2)\cdots(BS^{\theta k},\theta_k)\right\}$。联合以上基值和改正序列，则该 Ping 内 θ 角对应的回波强度改正为

$$(BS^{\theta})' = BS_0(D) + (BS^{\theta} - BS_0^{\theta}) \tag{3.3.19}$$

对 Ping 内所有的回波强度数据开展上式类似处理，实时完成该 Ping 辐射畸变改正。

为验证辐射畸变改正法处理条带图像的有效性，对侧扫声呐原始瀑布图像进行辐射畸变联合改正及斜距改正，处理后图像如图 3.10 所示。

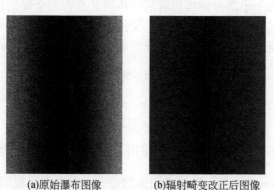

(a)原始瀑布图像　　　　(b)辐射畸变改正后图像

图 3.10　辐射畸变改正前后图像

同时，由图 3.11 可看出经辐射畸变改正后，条带内左舷、右舷图像灰度变化均匀，图像质量提高，且视觉上图像质量得到明显改善。

(a)原始图像进行斜距改正

(b)辐射畸变改正后进行斜距改正

图 3.11　辐射畸变改正前后图像

3.3.4　条带图像的实时消噪改正

针对传统遍历全图实现滤波消噪的方法存在耗时长,无法满足实时性的问题,提出了一种基于 ADMM 的噪声实时消除方法,在最大程度上保持图像的主要特征的同时,减少或抑制噪声对高质量成像的干扰。

图像实时消噪处理需要在顾及去噪效果的同时保证效率。ADMM 作为一个计算策略,专门针对凸优化问题设计,其特点在于融合了局部解耦与全局收敛能力,非常适用于实时操作。这种方法通过将大的声呐图像数据拆分为较小单元进行并行计算,在获得每个小部分的理想解后,再将其整合为全局的最优解。这使得声呐图像在去噪的过程中既能迅速完成,又能保持图像的微小细节。对于纹理丰富的图像,此方法能够带来更加出色的视觉效果。ADMM 形式为

$$\min_{x,z} \frac{1}{2}\|Ax - b\|_2^2 + \lambda\|z\|_1$$
$$s.t. \nabla x - z = 0 \tag{3.3.20}$$
$$0 \leqslant x_i \leqslant 255$$

其中 $\min_{x,z} \frac{1}{2}\|Ax - b\|_2^2$ 是目标函数,采用 $L2$ 范数衡量去噪图像与原始观测图像之间的差异,A 为观测矩阵,直接对图像的每一个像素进行观测,x 是希望求得的消噪图像,b 是观测到的含噪声图像;z 为辅助变量,$\lambda\|z\|_1$ 为正则化项,用以图像的消噪,鼓励图像的局部平滑性,∇x 是图像 x 的梯度,表示图像的边缘和结构,即通过它保留图像的主要特征,λ 为正则化参数,平衡了保留图像特征和去除噪声的权重。

为保证声呐数据的值在一个合理的范围之内,设立约束条件 $0 \leqslant x_i \leqslant 255$。

基于原始对偶算法的增广拉格朗日算法（Augmented Lagrange Method，ALM）作为 ADMM 算法的核心，将一个有 n 个变量与 k 个约束条件的最优化问题转换为一个解有 $n+k$ 个变量的方程组的解的问题。而 ALM 在此基础上加了一个惩罚项，以使算法收敛速度更快。ADMM 的增广拉格朗日形式为：

$$L(x,z,u) = \frac{1}{2}\|Ax-b\|_2^2 + \lambda\|z\|_1 + (u,\nabla x - z) + \frac{\rho}{2}\|\nabla x - z\|_2^2 \qquad (3.3.21)$$

u 是拉格朗日乘子，ρ 是正则化参数，$(\rho/2)\|\nabla x - z\|_2^2$ 是惩罚项。

使用对偶上升法，固定其中两个变量，更新第三个变量，得到迭代优化过程：

步骤一：更新 x：

$$x^{k+1} = \arg\min_x \frac{1}{2}\|Ax-b\|_2^2 + \frac{\rho}{2}\|\nabla x - z^k + u^k\|_2^2 \qquad (3.3.22)$$

步骤二：更新 z：

$$z^{k+1} = \text{shrink}(\nabla x^{k+1} + u^k, \lambda/p) \qquad (3.3.23)$$

其中 shrink 是软阈值函数，用于实现 $L1$ 正则化的效果。

步骤三：更新 u：

$$u^{k+1} = u^k + \nabla x^{k+1} - z^{k+1} \qquad (3.3.24)$$

不断重复以上三步直到收敛。

3.4　实验与分析

3.4.1　实验准备

为检验以上给出的 AUV 搭载的侧扫声呐在航条带数据的实时处理方法的正确性，在渤海湾的一个 3000m×660m、水深变化为 8～45m、悬浮物较多的海域开展了 AUV 搭载的侧扫声呐作业实验。嵌入式侧扫声呐系统采用 Shark-S455D，该系统含有 450kHz（最大斜距 150m）和 900kHz（最大斜距 75m）两种频率，单 Ping 收发时间分别约为 0.2s 和 0.1s。侧扫声呐采用低频 450kHz，条带间公共覆盖率为 60%，在任务海域共布设五条测线，完成对于整个海域全覆盖探测；任务期间，AUV 速度控制在 0.5～3.5kn 之间，入水深度随着航速变化在 5～9m 之间变化，部分试验情况如图 3.12 所示。数据处理模块选用适配 AUV 平台的 NVIDIA Jetson Orin NX，硬件环境为 Windows 操作系统，GPU 为 1024-core NVIDIA Ampere architecture GPU with 32 Tensor Cores，CPU 为 6-core Arm Cortex-A78AE v8.2 64-bit。

(a)实验区域	(b)AUV布放

图 3.12　部分实验情况

3.4.2　实时海底线自动跟踪

为检验实时海底线跟踪算法在渤海湾试验中的有效性和实用性，对每个条带侧扫声呐原始的 XTF 观测文件开展了实时解码和质量控制，平均在航条带每 10Ping 数据处理时间约 0.23s，随后获得了各条带原始瀑布图像，在此基础上开展顾及瀑布图像分布特点的实时海底线自动跟踪。

如前所述，首先构建语义分割模型训练数据集，挑选海测部队提供的具有地形地貌代表性的侧扫声呐瀑布图 100 张，需要说明的是，模型的训练采用岸基工作站进行训练以提升训练效率，使用训练完成的模型对实测数据的处理采用上述适配 AUV 平台的 NVIDIA Jetson Orin NX。由于原始侧扫声呐瀑布图尺寸较大，难以直接作为模型输入，因此在垂直航迹线方向进行 600×600 像素的截断，并且相邻截断之间存在 30% 的重复区域。这样共获得图像 1200 张，其中 900 张作为训练集，300 张作为测试集，模型训练 200 个批次。模型对不同干扰的瀑布图像跟踪结果如图 3.13 所示。

在样本 S_1 中，水柱区存在大量的悬浮物，即使部分左舷图像的底部回波被这些悬浮物的强烈回波遮挡，模型凭借神经网络的上下文理解能力，也展现出了不俗的表现。在样本 S_2 中，左舷图像中的海底线格外清晰，左舷图像均能被两个模型正确分割。右舷图像中部分海底线被连续 Ping 中的强回波覆盖，而模型因能同时综合左舷和右舷回波信息，依然对右舷进行了正确分割。样本 S_3 中存在强吸收的底质，导致左舷图像部分 Ping 中很难分辨出海床区与水柱区的界限，但是模型仍然取得了不错的分割效果。样本 S_4 受到了显著的噪声影响，造成图像中水柱和海底的对比度降低。然而，模型依靠左舷图像中的水柱分布推断右舷的水柱范围，因此获得了更精确的分割结果。

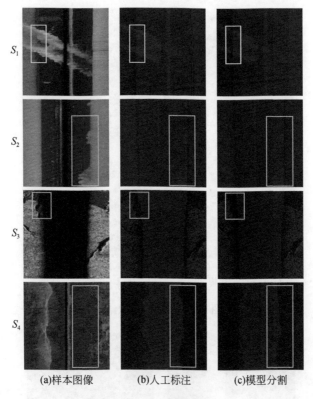

S_1

S_2

S_3

S_4

(a)样本图像　　　　(b)人工标注　　　　(c)模型分割

图 3.13　模型分割结果

　　为检验海底综合跟踪算法的正确性，对渤海湾区域其中的一个条带图像进行海底线跟踪，分别采用了传统的阈值法和本章提出的顾及瀑布图像分布特点的海底线自动跟踪方法，跟踪的海底线如图 3.14 所示。

　　从图 3.14（a）的两个框定区域可以看出，传统的阈值法在水下存在悬浮物和海底为弱吸收底质时均出现了异常海底线跟踪，主要是阈值法根据回波强度或灰度突变实现海底检测所致。本章方法综合了海底在前后 Ping 间的语义信息、顾及了对称性，实现了海底线的正确跟踪，且在航条带每 10Ping 数据耗时仅为 0.14s，相对传统方法不但实现了海底线的自动跟踪，同时具有很好的实时性、抗差性和正确性。

3.4.3　辐射畸变实时改正

　　为验证本章所提出辐射畸变改正的有效性，选择海底线跟踪之后的瀑布图进行辐射畸变改正。

(a)传统阈值法提取结果　　　　(b)本章方法提取结果

图 3.14　海底线提取结果

(a)辐射畸变改正前　　　　(b)斜距改正和辐射畸变改正后

图 3.15　辐射畸变改正前、后条带图像的对比

从图 3.15（a）为原始瀑布图可以看出：

（1）在条带的中央区域，存在高亮的图像区，主要归因于在中央区域声波的传播距离较短，能力耗损较小，因此回波强度较大，表现在图像上则为高亮区，不能正确地反映海底底质的分布。

（2）在条带图像的横向（与航迹正交方向），随着声波传播距离的增加，边缘的回波能量耗损较大，回波强度较弱，在图像上表现为色泽较暗。

采用随机携带的经验补偿模型可以对上述问题进行修正，但常因经验模型参数与实测海域的差异性导致修正不彻底，横向灰度的不均衡问题依然存在。而采用本章提出辐射畸变改正方法，比较好地消除了横向回波强度因为传播损失造成的补偿不彻底问题。图 3.15（b）为利用本章方法改正后的结果，可以看出，经过斜距改正和辐射畸变改正后，图像的灰度在横向变得比较均匀，正确地反映了海底的底质分布以及地貌特征的变化，且在航条带每 10Ping 数据辐射畸变改正的时间仅需要 0.17s，满足了实时处理的要求。

3.4.4　图像实时消噪

为验证本章提出的基于 ADMM 的实时消噪方法的有效性，采用沉船、飞机残骸、蛙人三种不同类型的图像，与广泛认可的 FlexISP[141]、DeepJoint[142] 及 Block-Matching 3D filtering（BM3D）[143] 三种模型进行对比实验。

为全面准确地评价和对比各方法的去噪效果，采用峰值信噪比（Peak Signal to Noise Ratio，PSNR）和结构相似性（Structural Similarity，SSIM）作为评价指标[144, 145]。PSNR 主要度量去噪图像与原图在像素值上的均方误差，具体公式如下：

$$\begin{cases} MSE = \dfrac{1}{H \cdot W} \sum_{i=1}^{H} \sum_{j=1}^{W} (X(i,j) - Y(i,j))^2 \\ PSNR = 10\lg\left(\dfrac{(2^n - 1)^2}{MSE}\right) \end{cases} \tag{3.4.1}$$

式中，X 和 Y 分别表示真值图像和去噪图像，MSE 表示图像 X 和图像 Y 之间的均方误差，H 为图像的高度，W 为图像的宽度；n 为像素的位数，PSNR 的数值越高代表去噪后图像偏差越小，单位是 dB。

SSIM 是衡量两幅图像的结构相似度的指标，更注重图像的视觉感知质量，能较好地反映人眼在观察图像时的主观体验，SSIM 的值越大，表示图像失真越小，公式如下：

$$SSIM(X, Y) = \frac{(2\mu_X\mu_Y + C_1)(2\sigma_{XY} + C_2)}{(\mu_X^2 + \mu_Y^2 + C_1)(\sigma_X^2 + \sigma_Y^2 + C_2)} \tag{3.4.2}$$

式中，X 和 Y 同样表示真值图像和去噪图像，μ 表示图像的均值，σ_{XY} 表示图像 X 和 Y 的协方差，C_1 和 C_2 是为了防止分母为 0 的稳定常数，通常 $C_1=(K_1L)^2$，$C_2=(K_2L)^2$，其中 L 为像素值的动态范围，经验取 $K_1=0.01$，$K_2=0.03$。

选取纹理丰富的沉船、轮廓明显的礁石和分辨率低的飞机残骸，以检验不同方法去噪效果，如图 3.16 所示。

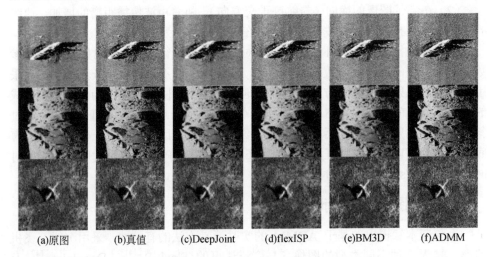

(a)原图　　　(b)真值　　　(c)DeepJoint　　(d)flexISP　　　(e)BM3D　　　(f)ADMM

图 3.16　不同方法去噪效果图

表 3.1　图像去噪后峰值信噪比（PSNR）和结构相似性（SSIM）比较

类别	方法	PSNR/dB	SSIM
沉船	DeepJoint	24.9764	0.6687
	flexISP	26.4020	0.7677
	BM3D	28.7584	0.9354
	ADMM	**32.1836**	**0.9459**
礁石	DeepJoint	26.3277	0.8735
	flexISP	28.8336	0.8741
	BM3D	28.8730	0.8684
	ADMM	**35.2704**	**0.9691**
飞机残骸	DeepJoint	21.6102	0.6336
	flexISP	24.7616	0.6477
	BM3D	24.8260	0.7603
	ADMM	**26.5568**	**0.7976**

　　结合表 3.1 和图 3.16，在这四种方法中，DeepJoint 去噪效果最差，ADMM 方法去噪效果最好，处理后图像相似度最高，从视觉效果上更符合人眼的视觉感受。沉船图像含有噪声大部分是高斯随机噪声，ADMM 方法噪声去除效果最好，PSNR 值较 flexISP、DeepJoint 和 BM3D 分别提高了 7.21dB、5.78dB 和 3.43dB，SSIM 值分别提高了 0.28、0.18 和 0.01；礁石图像纹理信息不足但轮廓信息相对而言较

充足，ADMM 方法 PSNR 值较 flexISP、DeepJoint 和 BM3D 分别提高了约 6.44dB、8.94dB 和 6.40dB，SSIM 值均提高了约 0.10；飞机残骸图像比较模糊，ADMM 相较 DeepJoint、flexISP 和 BM3D 去噪效果更加明显，PSNR 分别提高了约 4.95dB、1.80dB 和 1.73dB，SSIM 值分别提高了 0.16、0.15 和 0.04。总结来说，ADMM 能够去除或减弱噪声对不同类型侧扫声呐图像的影响，同时保持失真最小，并且去噪效果最符合人眼的视觉感受。

最后利用本章所提出的实时消噪方法对渤海区域选定的一条瀑布图进行实时消噪改正，部分对比如图 3.17 所示。

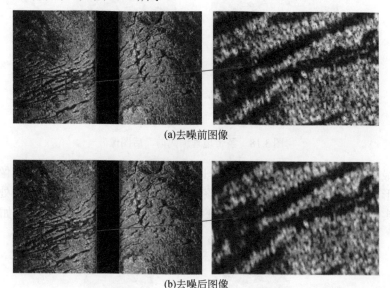

(a)去噪前图像

(b)去噪后图像

图 3.17　消噪前后对比效果图

对比图 3.17 消噪前后的图像可以看出，利用本章提出的方法能够有效保留纹理与背景信息的同时减少噪声的影响，效果良好，且在航条带每 10Ping 数据耗时仅花费 0.08s，满足了对高时效的需求。

3.4.5　地理编码及条带图像拼接

按照以上步骤完成海底线跟踪、辐射畸变改正、消噪处理后，得到一幅高质量的单条带图像。为了进一步获得具有地理坐标、高质量的条带图像，需要基于地理编码实现大区域图像拼接。首先根据海底线提取结果对瀑布图形进行斜距改正，再根据 AUV 位置，基于式（3.2.5）计算每个回波的地理坐标位置，据此实现单个条带图像的地理编码 [图 3.18（b）]，最后得到一幅具有地理坐标的高质量侧扫声呐条带图像。

(a)条带平距图像　　　　　　　(b)条带地理编码图

图 3.18　条带地理编码前、后图像

为最终获得整个扫测区域的声呐图像，需对地理编码后的多条带图像进行拼接，以形成大区域海底地貌图像。对该区域探测的五个条带图像采用后处理以及本章的实时处理方式分别进行处理，获得的该区域的海底地貌对比图像如图 3.19

(a)后处理效果　　　　　　　(b)实时处理效果

图 3.19　后处理与实时处理的多条带拼接图像的对比图

所示。可以看出，经过本章方法处理的图像达到了与后处理图像几乎一样的效果，且在航条带每 10Ping 处理耗时约 0.6s，速度明显快于实际 450kHz 和 900kHz 情况下每 10Ping 收发约 2s 和 1s 的时间，完全满足实时处理的需求。

3.5 本章小结

针对侧扫声呐在航条带数据实时处理在技术上存在诸多难题，无法满足高质量图像实时获取的问题，本章提出了侧扫声呐在航条带数据实时处理方法，给出了在航条带数据实时处理的流程，解决了制约侧扫声呐数据实时处理中的原始数据质量控制、海底线自动跟踪、辐射畸变改正和图像消噪四个关键难点问题，实现了 AUV 搭载的侧扫声呐条带图像实时处理和获取，为后续水下目标实时探测提供了高质量输入。具体工作及贡献如下：

（1）总结了侧扫声呐数据后处理流程并给出了侧扫声呐在航条带数据实时消噪及高质量成图流程，分析了实时处理时面临的关键技术难题；

（2）提出了一套原始观测数据实时质量控制方法。对于回波强度数据，给出基于统计特征的滑动滤波方法，采用 Ping 内和 Ping 间的双向滤波方法实现数据质量控制；对于 INS 系统原始观测数据，采用 Kalman 滤波实现了多源数据的融合和滤波；对于 DVL 系统数据，通过基于 BRISK 算法的侧扫声呐图像辅助控制方法保证了 DVL 数据的准确性；对于高度计和压力计数据，同样采用 Kalman 滤波的方法实现了深度计和高度计数据的质量控制，整体提高了基于 AUV 的侧扫声呐水下目标探测系统的原始观测数据质量。该方法对渤海湾在航条带每 10Ping 数据处理耗时约 0.23s；

（3）提出了一种联合语义分割和顾及瀑布图像分布特点的海底线自动跟踪方法。基于瀑布图像特点，提出了顾及海底线对称性的损失函数，构建了基于 Unet 网络的海底线实时跟踪模型，实现了海底线的自动准确提取，该方法对渤海湾在航条带每 10Ping 数据处理仅需 0.14s，具有高度的准确性；

（4）提出了一种基于历史回波数据统计的辐射畸变实时改正方法。通过历史回波数据分布特征对不同高度和角度下的基值自动确定，实现了基于高度和角度相关性的辐射畸变在航改正，该方法对渤海湾在航条带每 10Ping 数据辐射畸变改正耗时仅需 0.17s；

（5）提出了一种基于 ADMM 的噪声实时消除方法，该方法在沉船图像上 PSNR 值较 flexISP、DeepJoint 和 BM3D 分别提高了 7.21dB、5.78dB 和 3.43dB，SSIM 值分别提高了 0.28、0.18 和 0.01；在礁石图像上分别提高了 6.44dB、8.94dB 和 6.40dB，SSIM 值均提高了约 0.10；在飞机残骸图像上 PSNR 值分别提高了 4.95dB、1.80dB 和 1.73dB，SSIM 值分别提高了 0.16、0.15 和 0.04。该方法对渤海湾在航单条带每 10Ping 数据处理仅需 0.08s，实现了条带图像的在航消噪；

（6）在渤海湾海域开展了海上实验，实现了在航侧扫声呐条带数据的原始数据实时质量控制、实时海底线自动跟踪、辐射畸变实时改正以及实时消噪改正，单条带每 10Ping 数据处理耗时约 0.6s，处理速度明显快于实际 Ping 间收发时间，并取得了与事后处理持平的图像质量，在保证数据质量的同时满足了实时的需求。

本章方法研究实现了 AUV 搭载的侧扫声呐条带数据的实时处理和高质量图像的获取，为水下目标实时智能探测模型的"高质量输入"奠定了基础。

第4章　跨域映射关系建立及水下目标图像样本扩增

4.1　引　　言

足够数量的高代表性样本是训练高性能探测模型的前提，是最终形成高性能智能探测模型的关键。

针对现有跨域转换/风格迁移的样本扩增方法存在的外域图像中目标为非欲探水下真实目标，而非同一实体目标间存在形状、材质、结构等差异，据此构建的转换模型因存在系统偏差进而导致扩增样本代表性和真实性弱的问题，本章开展了高代表样本扩增技术研究，提出了一种基于同一实体跨域映射关系的侧扫声呐水下目标图像样本扩增方法。技术路线及主要工作如图4.1所示。

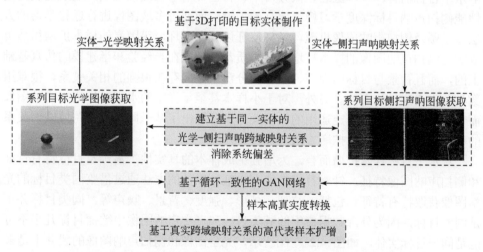

图 4.1　基于真实映射关系的侧扫声呐水下目标样本扩增技术路线

（1）建立基于同一实体的光学-侧扫声呐跨域映射关系。首先，针对欲探测的水下目标，基于 3D 打印技术，制作了水下目标实体；从多视角、多高度、多距离等方面获得了系列目标光学摄影图像；再将打印的目标实体置于水体和海底，根据侧扫声呐实际测量模式，在变化的成像条件和场景下，获得了目标系列侧扫声呐图像，最后建立光学-侧扫声呐的跨域映射关系；

（2）构建了基于循环一致性的 GAN。设计单循环一致性对抗生成网络结构，引入了 CSA 模块，建立了基于 LSGAN 的损失函数，最终构建了基于循环一致性的 GAN，实现了光学-侧扫声呐样本间信息的高效、稳健转换以及大量侧扫声呐目标样本的扩增；

（3）开展方法的性能分析与评估，并通过海上实验对基于本章生成样本训练后的检测模型进行了水下目标检测；

本章研究旨在消除非同一实体目标之间系统误差导致扩增样本代表性弱和真实性差的问题，实现零样本和小样本水下高代表性目标样本扩增，为高性能探测模型构建提供高质量训练数据支撑。

4.2　跨域映射关系的建立

4.2.1　基于同一实体的跨域映射关系建立流程

大量的高代表数据样本是建立高性能深度学习模型的前提。然而对于侧扫声呐水下目标而言，样本匮乏、低分辨率、特征贫瘠与稀疏以及噪声复杂是制约高性能侧扫声呐目标深度学习模型建立的关键。而通过多域图像进行迁移学习的方法以及顾及侧扫声呐成像机理、目标特征以及海洋环境等因素的样本扩增虽然可以实现侧扫声呐图像的样本扩增，但本质都是建立在半经验和半建模的仿真基础上的，而且背景与目标的噪声、纹理和分辨率之间存在很强的相关关系，很难用数学关系去定量化表达。另外，对于小样本甚至零样本的水下目标侧扫声呐图像而言，这些经验是不一定适用的。因此，本章提出了基于同一实体跨域映射关系的小样本水下目标图像扩增方法。

对水下目标样本扩增而言，为增强生成样本的真实性，需顾及目标特有特征和侧扫声呐图像特征。针对目标的特有特征，以往的方法通过借鉴同类目标的光学图像获取特有特征，包括：纹理、外形、强度、背景、噪声等，同类目标并不是同一目标，因为外源数据集中的同类目标和真实声呐图像中欲探目标几乎不可能是同一目标实体。如图 4.2 左图所示，光学图像和侧扫声呐图像的船并不是来源于同一艘船，它们的母实体间存在外形、材料、纹理、内部结构等差异，强行进行转换势必存在系统性偏差，转换网络除了要学习光学与声学的转换关系，还要消除不同实体间系统误差的干扰，导致生成图像的真实性不高。

本章通过制作同一目标实体，建立光学-侧扫声呐图像的真实跨域映射关系，获得目标由光学图像转换到侧扫声呐图像的过程中涉及的目标特征与图像特征之间的真实对应关系与相互作用，避免了不同实体之间的系统性误差，从而生成真实度更高的图像，如图 4.2 右图所示。

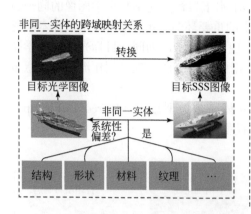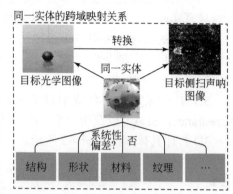

图 4.2 基于同一实体映射关系和非同一实体映射关系的对比图

具体流程如下：

（1）首先，通过 3D 打印技术完成水下目标的实体模型制作，为后续同一目标的光学与侧扫声呐图像获取提供实物基础；

（2）其次，根据水下目标成像方式和机理，通过无人机航拍、高空拍摄等方式，使用光学拍摄设备获取实体模型不同角度、不同高度、不同位置下的系列光学图像，建立实体-光学图像映射关系；

（3）同时，根据侧扫声呐实际测量模式，通过侧扫声呐对实体模型进行侧扫声呐图像获取，建立实体-侧扫声呐图像的映射关系；

（4）然后，通过基于同一实体获得的光学与侧扫声呐图像对 GAN 进行训练，挖掘光学与侧扫声呐图像之间的同一目标跨域真实映射关系，形成跨域转换模型，完成光学-侧扫声呐图像的双域转换，实现水下目标侧扫声呐图像的样本扩增，建立高真实度、高代表性的水下目标侧扫声呐图像数据库。

（5）最后，将样本扩增后的水下目标侧扫声呐图像作为训练集对基于深度学习的水下目标探测模型进行训练，并使用真实水下目标侧扫声呐图像作为验证，从而对探测模型的性能进行定性的评估，最终形成性能优越的侧扫声呐水下目标探测模型。

其中，在水下目标侧扫声呐图像获取阶段，理论上不同条件下侧扫声呐图像越丰富效果越好，但是实际上由于涉及海上作业，因此获取的难度与成本较高，本实验仅获得少量真实样本，但这也符合本章拟解决的小样本甚至是零样本侧扫声呐图像样本扩增问题。

4.2.2 基于 3D 打印技术的实体制作

本章的核心是建立小样本甚至是零样本水下目标的光学与声学图像的同一目标跨域真实映射关系，3D 打印技术是其中的重要环节。针对水雷等水下样本匮乏甚至零样本的目标，采用 3D 打印技术实现实体制造，为同一目标光学与声学图像的获取提供了可能条件。本节对本章使用的 3D 打印原理、制作流程与注意事项进行了简单介绍。

3D 打印采用光固化成型技术又称立体光刻造型技术（Stereo Lithography Appearance，SLA）以获得一个三维实体模型[146]。

3D 打印具体流程如图 4.3 所示。

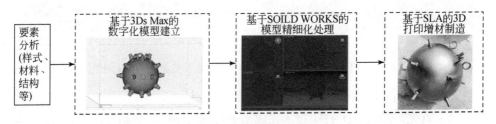

图 4.3　基于 3D 打印的流程图

首先，对现有水下目标样式、材料、受力、结构等要素进行分析，尽可能与真实目标在各项属性上保持一致，为获取全要素统一的水下目标侧扫声呐图像提供基础；

其次，结合打印材料的密度和 3D 打印的生产特性等，使用三维建模软件（3Ds Max）对目标进行数字化模型设计，并出具加工工程图；

然后，使用 3D 切片软件（SOILD WORKS）对模型数据进行精细化处理，包括修模、抽壳、切片、加支撑等步骤，并生成 stl 文件；

最后，将生成文件导入工业级 3D 打印机进行基于 SLA 的 3D 打印增材制造，得到实体水下目标模型。

考虑到 3D 打印的水下目标实体模型是用于后续目标光学图像与侧扫声呐图像的获取，因此在制造过程中除了需要考虑水下目标本身形状、尺寸、纹理等基本要素外，还需要考虑水下目标在光学拍摄与实际海上布放时的现实因素，主要包括：

（1）背景：在光学图像拍摄时，应尽可能仿照侧扫声呐图像的背景结构，即采用俯拍的角度进行，另外在背景的选择上尽可能选择单一干净的区域，避免楼房、树丛、人群等对后续图像双域转换时造成生成质量的影响；

（2）密度：材料最好选择刚性金属材料，符合实际目标的材料属性，且不容易被海水腐蚀，最重要的是能够保证目标在复杂海况下不被涌浪吹走；

（3）结构：内部结构在做好必要结构支撑的基础上需留出孔洞，这样在节省制作成本的同时能够使模型灌水后顺利下沉；外形结构在保证符合真实目标的基础上，需要留出孔环，一是方便系上浮球，以保证在目标沉入海底后方便找到并打捞。二是为安全起见，在目标下绑上锚链能有效避免被附近的渔民打捞。

4.3　GAN 的样本扩增

使用 GAN 实现水下目标双域转换是本章方法的重要组成，网络的使用是实现高质量样本扩增的关键。针对光学图像与侧扫声呐图像风格差异较大，传统的 GAN 存在生成数据质量较差，真实性不强的问题。为了让跨域图像之间产生强相关性，进而生成高真实度图像，本章使用基于单循环一致性的 GAN，在保证训练效率的同时重点关注光学域向声学域的转换任务，同时，在生成器中融合 CSA 模块，减少信息弥散的同时增强跨纬度交互；最后，设计了基于 LSGAN 的组合损失函数，提高生成图像质量的同时提高模型训练的稳定性。提出网络的具体结构图如图 4.4 所示。

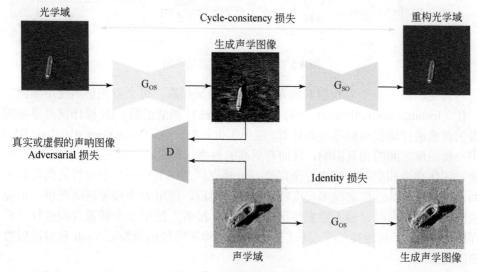

图 4.4　提出的 GAN 的结构图

4.3.1　网络结构

本章模型主体由两个生成器（G_{os}、G_{so}）和一个判别器（D）组成，将从光学图像（O）域中的图像转换成侧扫声呐图像（S）域的图像的生成器称为 G_{os}，从 S

域中的图像转换成 O 域的图像的生成器称为 G_{so}，将判别图像属于 S 域或 Fake 的判别器称为 D。

原始输入 O 通过生成器 G_{os} 获得 S 后，将生成 S 作为输入通过生成器 G_{so} 获得与图像 O 相同域的重构光学图像（Restructed Optical image，RO），最终保持 O 与 RO 一致，让图像循环了一周回到起点并保持一致。

生成器结构如图 4.5 所示。

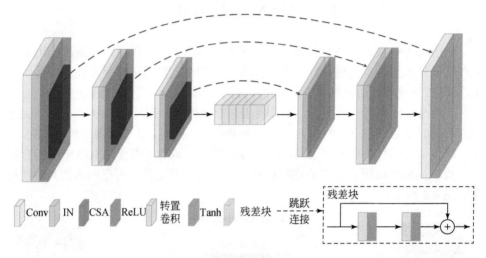

图 4.5　网络中生成器的结构图

首先，使用 3 个卷积层对输入图像进行特征提取，每个卷积层后使用实例归一化（Instance normalization，IN）操作以及 ReLU 激活函数，IN 操作仅对单张图像的像素进行均值和标准差的计算，避免了批量归一化（Batch normalization，BN）中一批图像之间的相互影响，且拥有更高的效率；其次，使用注意力机制 CSA 模块对图像通道和空间特征进行全局学习，建立局部细节特征与全局特征的交互关系，并通过跳跃连接实现多尺度特征融合；然后，使用 6 个残差网络在进一步提取图像信息的同时对输入数据特征进行保留；接着，使用 2 个转置卷积进行上采样操作；最后，再连接一个卷积层，获取的图像矩阵经函数激活 Tanh 获得最后的输出图像。

为加强输入数据与输出数据之间的关系，采用残差网络代替深层的卷积网络。通过特征提取层提取特征，再将特征数据传递给输出层，避免生成器损失输入层的一些基本信息，保留输入数据的部分特征，更好地保护原始图像信息的完整性，解决传统神经网络随网络深度的增加而梯度消失明显的问题，加快模型的训练速度，改善模型的训练效果。判别器结构如图 4.6 所示。

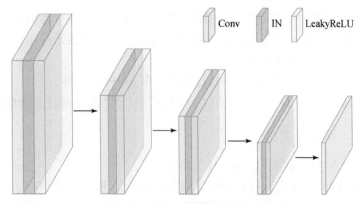

图 4.6　网络中判别器的结构图

判别器使用 5 个卷积层对输入图像进行特征提取,每个卷积层后使用 IN 操作以及 LeakyReLU 激活函数,其中最后一层卷积层直接返回线性操作结果。

4.3.2　CSA 模块

对侧扫声呐图像的目标细节特征与背景特征充分学习是生成高质量图像的关键,为了更好地对输入图像的全局信息以及局部特征进行学习,增强通道与空间的相互作用,本章设计了一种跨越通道和空间纬度的 CSA 模块,通过减少信息弥散的同时放大全局的跨纬度交互以提高网络性能。CSA 模块由通道注意力和空间注意力组成,具体结构图如图 4.7 所示。

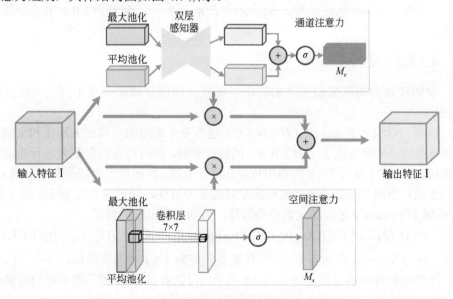

图 4.7　CSA 模块的结构图

本章通道注意力和空间注意力模块采用并行计算，将各自输出的权重系数与初始输入特征图进行元素相乘后，再进行两者特征信息的逐元素相加，在提高效率的同时放大跨纬度的感受域。

$$I_{\text{output}} = (M_c(I) \otimes I) + (M_s(I) \otimes I) \qquad (4.3.1)$$

其中，$\otimes$ 代表逐元素点乘，$M_c(I)$ 和 $M_s(I)$ 为通道注意力和空间注意力的特征输出。

4.3.2.1　通道注意力

通道注意力强调模型应该关注什么特征。

每个通道都具有独有的特征响应。首先，输入的 Feature I（$H \times W \times C$）会经过基于宽度和高度的全局最大和全局平均池化，从而产生两个 $1 \times 1 \times C$ 的特征映射。接下来，这些映射会被输入到一个双层的多层感知器（Multilayer Perceptron，MLP）中，其中第一层包含 C/r 的神经元（其中 r 为减少的比例），使用 ReLU 作为激活函数；第二层则拥有 C 个神经元，且这双层网络结构是共享的。之后，将 MLP 产出的特征经过基于元素的点乘处理，并通过 Sigmoid 函数进行激活，从而产生最终的通道注意力特征，标为 M_c。最终，通过将 M_c 和 Feature I 进行元素级的点乘操作，可以获得调整后的新特征。

$$\begin{aligned}M_c(I) &= \sigma(\text{MLP}(\text{AvgPool}(I)) + \text{MLP}(\text{MaxPool}(I))) \\ &= \sigma(W_1(W_0(I_{\text{Avg}}^C)) + W_1(W_0(I_{\text{Max}}^C)))\end{aligned} \qquad (4.3.2)$$

其中，σ 为 Sigmoid 激活函数，$W_0 \in R^{\frac{C}{r} \times C}$，$W_1 \in R^{C \times \frac{C}{r}}$，两者为 MLP 共享网络的权重。

4.3.2.2　空间注意力

空间注意力强调模型关注的特征在哪里，即增强或抑制在不同空间位置的特征。

首先，对输入 Feature I（$H \times W \times C$）进行基于通道的全局最大池化和全局平均池化处理，从而生成 2 个 $H \times W \times 1$ 的特征映射，随后将这两份映射进行通道级的拼接。接下来，使用 7×7 的卷积核对其进行处理，将图像维度减少到单一通道。进一步地，应用 Sigmoid 函数来形成空间注意力特性，标记为 M_s。最后一步，通过对 M_s 和 Feature I 进行逐元素点乘运算，得到最后形成的特征。

$$M_s(I) = \sigma(f^{7 \times 7}([\text{AvgPool}(I), \text{MaxPool}(I)])) = \sigma(f^{7 \times 7}([I_{\text{Avg}}^S, I_{\text{Max}}^S])) \qquad (4.3.3)$$

其中，σ 为 Sigmoid 激活函数，$f^{7 \times 7}$ 代表卷积核为 7×7 的卷积操作。

图像初始特征学习热力图如图 4.8 所示，可以看出 CSA 模块能动态的抑制或强调特征的映射，有效避免了关键目标特征变成背景特征的情况。

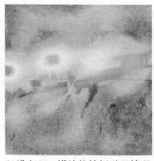
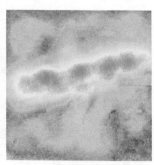

(a)输入的原始图像 (b)没有CSA模块的特征学习情况 (c)有CSA模块的特征学习情况

图 4.8 图像初始特征学习热力图

4.3.3 损失函数

合适的损失函数对 GAN 生成图像的质量提升起到了至关重要的作用。从提出的网络架构图（图 4.4）可以看出，其损失函数由最小二乘（Least Square）GAN（LSGAN）损失、循环一致性（Cyclic-consitency）损失以及一致性（Identity）损失共 3 部分组成。LSGAN 损失指导生成器生成更加逼真目标域的图像；Cyclic-consitency 损失指导生成器生成的图像与输入图像尽可能地接近；Identity 损失限制生成器无视输入数据。

4.3.3.1 LSGAN 损失

传统 GAN 使用交叉熵作为损失函数，该函数不优化被判别器判定为真实图像的图像，即使这些图像与判别器的决策边界仍然很远，导致生成器生成的图像质量不高以及模型训练不稳定，为此，本章采用了 LSGAN 中目标函数作为模型的损失函数，即采用最小二乘作为损失函数。

$$\min_D V_{\text{LSGAN}}(D) = \frac{1}{2} E_{s \sim P_{\text{data}}(s)}[(D(s) - b)^2] + \frac{1}{2} E_{z \sim P_z(z)}[(D(G(z)) - a)^2] \quad (4.3.4)$$

$$\min_G V_{\text{LSGAN}}(G) = \frac{1}{2} E_{z \sim P_z(z)}[(D(G(z)) - c)^2] \quad (4.3.5)$$

在判别器 D 的目标函数中，给真实数据和生成数据赋予编码 b 与 a，$b=1$ 表示为真实数据，$a=0$ 表示为生成数据，通过最小化判别器判别生成数据与 0 的误差以及真实数据 s 与 1 的误差，实现判别器的最优化；在生成器 G_{os} 的目标函数中，给生成数据赋予编码 c，通过最小化生成器生成数据 z 与 1 的误差，指导生成器成功欺骗判别器从而获得高分，此时 $c=1$。因此，将上式（4.3.4）（4.3.5）转化为如下式（4.3.6）（4.3.7）。

$$\min_D V_{\mathrm{LSGAN}}(D) = \frac{1}{2} E_{s \sim P_{\mathrm{data}}(s)}[(D(s)-1)^2] + \frac{1}{2} E_{z \sim P_z(z)}[(D(G(z)))^2] \quad (4.3.6)$$

$$\min_G V_{\mathrm{LSGAN}}(G_{os}) = \frac{1}{2} E_{z \sim P_z(z)}[(D_{os}(G(z))-1)^2] \quad (4.3.7)$$

4.3.3.2　Cyclic-consitency 损失

为实现循环一致性，即要求从 O 域转换为 S 域时满足：

$$x \Rightarrow G_{os}(x) \Rightarrow G_{so}(G_{os}(x)) \approx x \quad (4.3.8)$$

数学公式表达如下式（4.9）：

$$L_{\mathrm{cyc}}(G_{os}, G_{so}) = E_{x \sim P_{\mathrm{data}}(x)}[\|G_{so}(G_{os}(x))-x\|_1] \quad (4.3.9)$$

式中 1-范数为矩阵 1-范数，表示所有矩阵的列向量中元素绝对值之和最大的值。

$$\|X\|_1 = \max_j \sum_{i=1}^m |a_{i,j}| \quad (4.3.10)$$

4.3.3.3　Identity 损失

Identity 损失用于限制生成器无视输入数据而去自主修改图像颜色的情况，表示若将 Domain S 图像送入生成器 G_{os} 中，那么应尽可能得到本身，具体损失函数如下式（4.3.11）：

$$L_{\mathrm{Identity}}(G_{os}) = E_{s \sim P_{\mathrm{data}}(s)}[\|(G_{os}(s)-s)\|_1] \quad (4.3.11)$$

因此，CycleGAN 网络的总损失函数为下式（4.3.12）：

$$\mathrm{Loss}_{\mathrm{cyc}} = \min_D V_{\mathrm{LSGAN}}(D) + \min_G V_{\mathrm{LSGAN}}(G_{os}) + \lambda_1 L_{\mathrm{cyc}}(G_{os}, G_{so}) + \lambda_2 L_{\mathrm{Identity}}(G_{os}) \quad (4.3.12)$$

式中，λ_1 和 λ_2 为非负超参数，用于调整损失对整体效果的不同影响。我们衡量每一个损失，以平衡每一个组成部分的重要性。

4.4　实验与分析

为评估本章方法的可行性和有效性，本节实验主要由两大部分组成。第一组实验以零样本水雷目标为实验对象，分析和评估本章提出的基于真实映射关系的侧扫声呐图像样本扩增方法的可行性；第二组实验是基于本章提出的 GAN 模型，分析和验证其对小样本侧扫声呐图像的样本扩增的有效性。

4.4.1　样本扩增策略实验分析

为验证本章提出的基于同一实体跨域映射关系的小样本甚至是零样本的水下

目标侧扫声呐图像样本扩增的有效性，本实验选择零样本的水雷目标作为研究对象。实现基于 3D 打印的水雷实体模型的光学与侧扫声呐图像获取后，对不同数量的小样本数据集生成图像的质量进行定性定量分析，以评估本章提出方法对小样本数据集的样本扩增策略的效果；分析评估扩增的水下目标侧扫声呐图像数据集对 YOLOv5 目标探测模型的探测性能提升的作用。

4.4.1.1　数据集准备

本实验数据集由水雷实体模型获得的光学图像和侧扫声呐图像组成。具体准备过程如下：首先，使用 3D 打印技术制作水雷目标的实物模型；采用 DJI Air 2S 型无人机，然后，通过不同的高度，不同的角度航拍获得水雷目标的光学影像，共 150 张，挑选质量较好的图像共 100 张；最后，在三亚海棠湾海域使用 AUV 搭载 Shark-S455D 型侧扫声呐对水雷目标进行扫测，获得侧扫声呐图像共 60 张，筛选质量较好的图像共 50 张。部分过程图如图 4.9 所示。

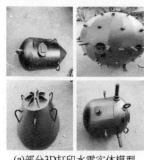  

(a)部分3D打印水雷实体模型　　　(b)无人机航拍图　　　(c)实体模型海上布放图

图 4.9　部分图像获取过程图

根据海图资料显示，本次试验的海区平均水深约 15m，使用 AUV 搭载侧扫声呐进行水下目标扫测作业以及航迹图如图 4.10 所示。

 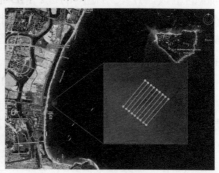

(a)AUV作业图　　　　　　　(b)AUV航迹图

图 4.10　AUV 海上试验图

部分水雷目标光学图像与侧扫声呐图像如图 4.11 所示。

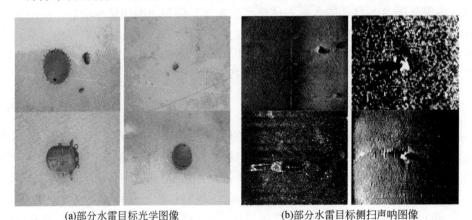

(a)部分水雷目标光学图像　　　　　　(b)部分水雷目标侧扫声呐图像

图 4.11　部分水雷目标图像

4.4.1.2　评价指标

根据 Alfarra 等[147] 的研究，FID（Fréchet Inception Distance）、最大平均差异（Maximum Mean Discrepancy，MMD）和 1-最近邻分类器（1-Nearest-Neighbor，1-NN）相比其他指标可以更好地评价合成样本的清晰度、特征的多样性和图片的真实性。

FID 是一种衡量真实图像与生成图像特征向量之间距离的度量方法，用于衡量两组图像的相似性。FID 的计算公式如下：

$$\text{FID} = \left\| \mu_r - \mu_g \right\|^2 + Tr\left(\sum r + \sum g - 2\sqrt{\sum r \sum g}\right) \qquad (4.4.1)$$

其中，μ_r 和 μ_g 分别为两个分布的均值向量，$\sum r$ 和 $\sum g$ 为它们的协方差矩阵，$\|\ \|$ 表示向量的范数，Tr 表示矩阵的迹。FID 值越低，图像样本扩增的效果越好。

MMD 是一种基于最大均方差差异的特征分布相似性度量方法，将真实图像和生成图像集映射到具有固定核函数的核空间中，然后计算两个分布之间的均方差差异的均值。MMD 的计算公式如下：

$$\text{MMD}^2(X,Y) = E[K(X_i, X_j) - 2K(X_i, Y_j) + K(Y_i, Y_j)] \qquad (4.4.2)$$

其中，X 表示真实图像集；X_i 和 X_j 是从 X 中抽取的样本；Y 表示生成图像集；Y_i 和 Y_j 是从 Y 中抽取的样本。E 表示期望；K 是高斯核函数。MMD 值越低，图像样本扩增的效果越好。

1-NN 使用二分类器计算两个图像集之间的相似性，通过混合 n 个真实集合（标记为 1）和 n 个生成集合（标记为 0），将它们随机划分为一个训练集 T_1（数量为 2n-1）和一个测试集 T_2（数量为 1），使用 T_1 训练分类器，并使用 T_2 计算分类的准确率。上述步骤重复 2n 次，每次选择不同的 T_2，最后计算平均分类准确率。当准确率越接近 0.5 时，表示效果越好。

此外，考虑到本章的目的是对匮乏的侧扫声呐水下目标图像进行样本扩增，以期提高基于深度学习的目标检测模型的性能，因此接下来本章使用基于深度学习的目标检测模型进行对比实验。目前目标检测模型非常多，由于本章的目的在于验证扩增样本的有效性，因此本章最终采用高速、轻量、易于部署的 YOLOv5 模型进行评价实验。使用 GAN 模型生成的图像作为训练集，输入到 YOLOv5 网络中进行训练。然后，将真实图像作为验证集，使用查准率（Precision，P）、查全率（Recall，R）和平均精度（Average Precision，AP）评估生成图像在训练目标检测网络方面的有效性。P 衡量正确检测到的目标在模型预测的所有对象中所占的比例，R 衡量正确检测到的目标在数据集中实际目标的比例。

$$P = TP / (TP + FP)$$
$$R = TP / (TP + FN)$$

（4.4.3）

TP 代表正确检测到的正样本，FP 代表错误检测的正样本，FN 代表错误检测的负样本。

AP 评估 P 和 R 在不同阈值下的折中。它是精度–召回曲线下的面积，为模型提供了综合性能度量。

$$AP = \int_0^1 P(R)\mathrm{d}R$$

（4.4.4）

4.4.1.3　实验设计

模型训练均基于 Pytorch 框架用 Python 语言实现，硬件环境为：Windows10 操作系统；CPU 为 Intel（R）Core（TM）i9-10900X@3.70GHz；GPU 为 2 块 NVIDIA GeForce RTX 3090，并行内存 48GB。

为验证本方法在小样本图像样本扩增的效果，将 50 张真实侧扫声呐水雷图像按 3：2 划分训练集和评估集，其中训练集的 30 张图像按 10、20 和 30 张分成 3 组。将 100 张光学图像按 3：2 划分为训练集和转换集，其中训练集的 60 张图像按 20、40 和 60 张分成 3 组。侧扫声呐图像的评估集和光学图像的转换集用以进行生成图像质量的定量分析。

为减少训练时的震荡，让模型训练更加地稳定，本实验在训练时引入缓存历史数据的方式。使用 list 存储之前 10 张图像，每次训练判别器时从 list 中随机抽取一张进行判别，让判别器可以持有判别任意时间点生成器生成图像的能力。模型训练的参数如表 4.1 所示。

表 4.1　模型训练的参数

Item	batch size	crop_size	λ_1/λ_2	Lr	Lr police	Lr decay iters	epoch	optimizer	β
参数	16	256	10/0.5	0.0002	Linear	50	1000	Adam	0.5

其中，λ_1 和 λ_2 是损失函数公式（4.3.12）中的参数，β 是 Adam Optimizer 的参数。

4.4.1.4　实验与分析

虽然原本零样本的水雷侧扫声呐图像在进行实际外业侧扫声呐图像和光学图像获取后实现了从无到有，但是数量和网上公开的数据集相比远远不是一个数量级，因此在模型训练之前进行数据增广，包括：旋转、剪切变换、缩放、左右平移、翻转和加噪等操作对每组的训练样本进行 10 倍数量的数据增强，其中加噪操作由于斑点噪声是影响侧扫声呐图像质量的主要因素，因此本实验添加期望为 0，标准差为 20 和 60 的瑞利噪声和椒盐噪声。需要注意的是本实验不进行侧扫声呐图像的改变色阶操作，侧扫声呐图像原始为灰度图像，在较小样本的情况下进行颜色的转换容易造成生成图像的颜色混淆。

为验证少量真实样本的情况下样本扩增效果，将真实侧扫声呐图像按 10、20、30 张分成 3 组，对应的真实光学图像按 20、40、60 分成 3 组，具体见表 4.2。

表 4.2　水雷目标图像样本分布情况

组别	真实侧扫声呐图像	扩增后侧扫声呐图像	真实光学图像	扩增后光学图像	模型生成图像	验证集
1	10	100	20	200	400	20
2	20	200	40	400	400	20
3	30	300	60	600	400	20

1. 定量分析

将不同数量的真实样本扩展到 10 倍数量后输入 GAN 进行训练。水雷光学图像转换集的 40 张图像在进行 10 倍数量的数据增强后输入训练好的 GAN 进行侧扫声呐图像生成，并将生成的 400 张侧扫声呐图像与评估集中 20 张真实侧扫声呐水雷图像分别计算 FID、MMD 和 1-NN 值。这三个指标都用于评估生成的图像与真实图像之间的清晰度、多样性和差异性，这三个指标在较小的值下表现更好，其中 1-NN 指标越接近 0.5，性能越好。最终定量试验结果如表 4.3所示。

表 4.3　不同等级的真实样本训练后模型生成侧扫声呐图像的性能

组别	FID↓	MMD↓	1-NN↓0.5
1	172.12	0.311	0.74
2	165.33	0.284	0.71
3	158.64	0.247	0.70

从表 4.3 可以看出，在即使只有 10、20、30 张真实侧扫声呐图像时，使用本章方法生成的侧扫声呐图像在 FID、MMD 以及 1-NN 值上均取得了不错的成绩，证明了生成图像具有较高的清晰度和真实度，与真实侧扫声呐图像差异性小，证明了本章方法的有效性。但是，从数值的比较来看，随着真实侧扫声呐样本数量的增多，各项指标都在变优，也侧面说明样本数量的重要性，有必要进行样本的扩增。

2. 定性分析

图 4.12 为 3 组不同真实侧扫声呐图像训练后的模型对大尺寸、多数量和小尺寸三种具有典型代表的水雷目标光学-侧扫声呐图像的转化图。

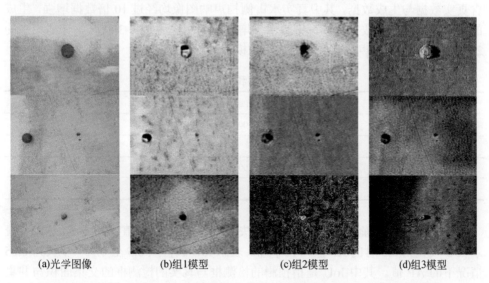

(a)光学图像　　　(b)组1模型　　　(c)组2模型　　　(d)组3模型

图 4.12　3 组不同真实样本训练的模型进行光学图像转换侧扫声呐图像的效果图

对比图 4.12（b）（c）（d）可以看出（b）组实现了基本轮廓的生成，但是在纹理、阴影等细节特征上还有待加强；（c）组相比（b）拥有更好的效果；（d）相较前两组，生成的目标图像在纹理、阴影以及背景方面明显更加真实、清晰，说明真实样本数量的增加确实能带来生成样本图像质量的提升。总的来说，基于不同数量小样本真实侧扫声呐水雷图像训练的模型均基本实现了水雷目标光学到声学的跨域转换，证明了本章方法可以实现零样本的水下目标样本生成。

3. 目标探测模型性能

考虑到本章的目的是对匮乏的侧扫声呐水下目标图像进行样本扩增，以期提高基于深度学习的目标检测模型的性能，因此接下来使用基于深度学习的目标检测模型进行对比实验。目前目标检测模型非常多，由于本章的目的在于验证扩增样本的有效性，因此采用高速、易于部署的 YOLOv5 模型进行实验。

以水雷目标为对象，设计了 3 组数据集分别对 YOLOv5 模型进行训练，具体见表 4.4。为在保证模型训练效果的同时提升训练效率，数据集中训练集和测试集设定为 4∶1，其中训练集的 5% 设定为验证集，并采用五折交叉运算策略进行模型训练；训练的初始学习率设置为 0.0001，并在开始训练前进行步长为 5 的 warm-up 训练，同时采用一维线性插值调整学习率，并在训练过程中采用余弦退火算法实现学习率的实时调整；训练步数设置为 1200 步，并根据计算机配置设置 batchsize 为 32。

数据集分别是只包含真实侧扫声呐数据、只包含本章模型生成的数据以及包含真实数据与生成数据，其中真实水雷侧扫声呐图像均经过 10 倍数据增强，生成的水雷数据均经过数据筛选，剔除了扩增失败的图像后共计 300 张。评估集中的 20 张真实水雷侧扫声呐图像对训练后的模型进行性能评估。

表 4.4　训练集和验证集的组成

组别	真实的/数据增强水雷图像	生成的水雷图像
A	30/300	—
B		300
C	30/300	300
验证	20	—

模型在三组训练集训练过程中的损失值以及 $AP_{0.5:0.95}$ 值如图所示，$AP_{0.5}$ 表示 IoU 设置为 0.5 时的 AP 值，$AP_{0.5:0.95}$ 表示 IoU 阈值从 0.5 至 0.95，步长为 0.05 情况下的 AP 值。其中 IoU 是指预测的检测框与真实的检测框的交集面积与并集面积之比。

由图 4.13 可以看出，模型在三组实验中损失值均随着训练步数的增加而不断下降，并最终趋于稳定，证明各个数据集均未出现过拟合的情况。其中，加入了本章方法扩增样本的组 B 和 C 无论是在损失值还是 AP 值均明显高于仅仅使用真实数据集的组 A，证明了增加本章的生成数据对模型训练性能提升的有效性。对比组 B 和 C 可以发现，两组实验在最终的 AP 值上相差不大，证明使用本章扩增样本进行训练是 YOLOv5 模型性能提升的关键,本章生成的图像在特征的真实性和多样性上几乎和真实图像保持一致,侧面证明了本章方法的有效性。

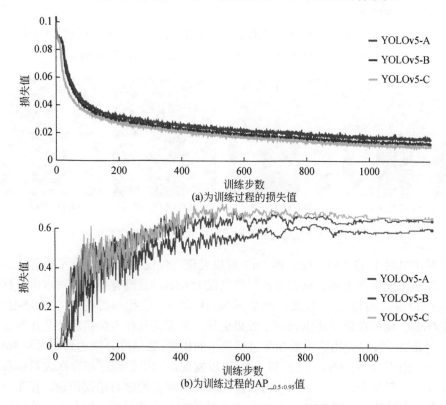

(a)为训练过程的损失值

(b)为训练过程的AP$_{0.5:0.95}$值

图 4.13 三组模型训练过程中的损失值和 AP 值

使用 20 张真实的侧扫声呐水雷图像对训练完成的模型进行测试,同样采用 Recall、Precision 和 AP 值来评价模型,结果如表 4.5。

表 4.5 不同训练集进行训练的 YOLOv5 模型对真实侧扫声呐图像的检测性能

	Recall	Precison	AP$_{0.5}$	AP$_{0.5:0.95}$
YOLOv5-A	80.14	84.02	74.08	47.62
YOLOv5-B	86.51	88.02	78.14	57.44
YOLOv5-C	87.63	88.21	79.96	58.35

可以看出使用本章方法生成图像进行训练的模型在 Recall、Precision 和 AP 值均明显高于仅使用真实侧扫声呐数据训练的模型,证明生成数据在模型性能提升中的起到了关键作用。使用了真实数据和生成数据训练的 YOLOv5-C 和仅仅使

用生成数据训练的 YOLOv5-B 在各项评价指标差距不大, 证明了模型性能的提升原因主要是由于使用了本章方法生成数据, 或者说本章方法生成的图像满足了在真实度、多样性上要求。

使用训练好的 3 个模型对三亚海试 (组别 1) 和广州湖试 (组别 2) 获取的真实水雷侧扫声呐图像进行目标检测, 部分效果对比图如图 4.14 所示。

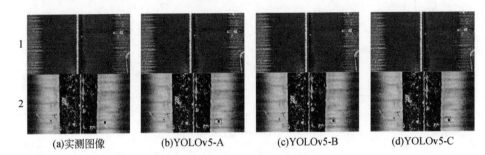

(a)实测图像　　　　(b)YOLOv5-A　　　　(c)YOLOv5-B　　　　(d)YOLOv5-C

图 4.14　3 个模型对实测水雷侧扫声呐图像的检测效果图

对比组别 1 的 (b)、(c) 和 (d) 可以发现, 仅仅使用数据集 A 进行训练的 YOLOv5-A 模型在水雷目标识别的置信度仅为 65%, 且没有很好地对水雷目标阴影进行识别; 而使用了本章扩增数据集 B 和 C 进行训练的 YOLOv5-B 和 YOLOv5-C 模型在目标阴影识别上效果更好, 且无论是在定位精度还是在置信度上均明显高于仅仅使用真实数据集进行训练的模型, 置信度分别达到 83% 和 86%。

对比组别 2 的 (b)、(c) 和 (d) 可以发现, 由于扫测区域存在大量碎石, YOLOv5-A 模型未能成功识别水雷目标, 且将类水雷的礁石错误识别, 存在一定的漏警和虚警情况; 而 YOLOv5-B 和 C 成功检测了水雷目标, 拥有更高的定位精度的同时置信度达到了 81% 和 82%, 但是两个模型均存在虚警的情况, 如误将左舷小尺寸的类水雷礁石目标识别为水雷目标, 但是在实际作业中, 目标的漏警可能比虚警造成更加严重后果, 下一步如何降低虚警和漏警率也是研究方向之一。

综上, 本章的方法首先实现了水雷目标图像的从无到有并建立真实映射关系, 其次, 使用扩增后数据集进行训练的目标探测模型拥有更高的识别精度和定位精度, 证明了本章提出的方法实现了零样本目标的高质量样本扩增, 并实现了水下目标探测模型的性能提升, 基本满足了实际应用的需求, 可应用于其他类型的水下目标。

4.4.2　GAN 性能实验分析

基于 GAN 的双域图像转化是本章方法的重要组成, 因此本实验对提出的 GAN 性能进行评估。主要通过外源光学船舶图像和侧扫声呐沉船图像双域转换的性能对提出模型进行评估，包括与主流 GAN 进行比对，并对生成的图像的质量进行定性定量的分析；生成图像对 YOLOv5 目标探测模型的探测性能提升的作用；以及通过消融实验对 GAN 中使用的策略的有效性进行定性与定量的分析。

4.4.2.1　数据集准备

本章用于实验的数据集主要由侧扫声呐沉船图像以及卫星光学船舶数据组成。侧扫声呐沉船数据集由各海道测量部门和国内生产厂家使用 Klein3000、EdgeTech4200、Yellowfin 和 SS900 系列等国内外主流侧扫声呐仪器设备，在我国黄渤海、东海和南海等区域实测获得的 600 张侧扫声呐沉船图像组成。部分样本如图 4.15（a）所示。卫星光学船舶数据集由部分 HRSC2016 组成。HRSC2016 是来自 Google Earth 的高分辨率船舶数据集，本实验挑选其中代表性强的数据共5000 张，部分样本如图 4.15（b）所示。

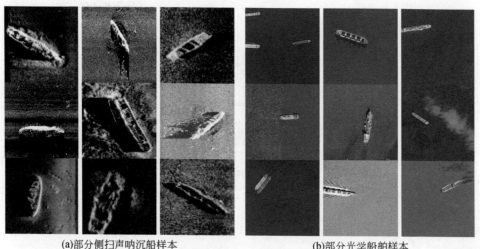

(a)部分侧扫声呐沉船样本　　　　　　　　(b)部分光学船舶样本

图 4.15　部分数据集样本

4.4.2.2　实验设计

本章采用的评价指标、实验配置与 4.4.1.2 节一致。HRSC2016 数据集由于原始图像像素过大且大部分均为背景，在训练模型时反而是一种负担，因此所有光学图像数据均在保留目标的基础上统一设置为 250×250。将侧扫声呐沉船图像按5∶1 划分训练集和评估集，船舶光学图像按 9∶1 划分为训练集和转换集。在引入缓存历史数据进行训练时，由于数据样本较沉船数据集增大了，因此 list 存储数量调整为之前 100 张图像。

4.4.2.3 实验与分析

1. 定量分析

本节首先对模型的训练过程以及性能进行分析和评估。本章提出的网络最初受循环生成复制网络 CycleGAN（CG）网络启发[148]，将本章提出的模型与不同结构的 CG 模型（即生成器采用 ResNet-06、ResNet-09、UNet-128、UNet-256 基础网络）进行比较。

从图 4.16 可以看出，5 种模型的损失值均随着训练步数的增加而不断减小并最终趋于稳定，达到拟合状态。其中，本章提出的网络在 Cyclic-consitency 损失、LSGAN 损失以及 Identity 损失中均最低，同时在整个训练过程中最为稳定，不存在其他几个网络在训练过程中出现较大的振幅变化的情况。

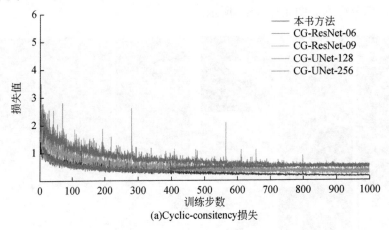

(a)Cyclic-consitency损失

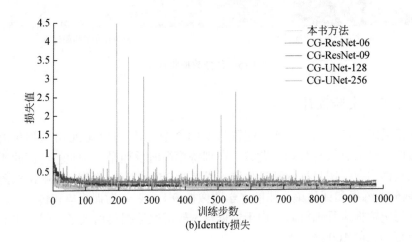

(b)Identity损失

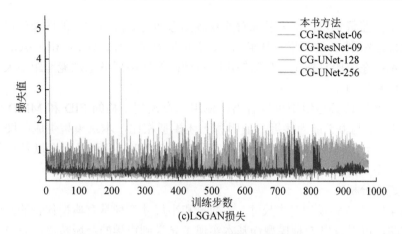

图 4.16　5 种模型训练过程的损失值

因为本章模型属于无监督学习的双域图像的风格迁移，因此将上述模型与该领域主流的 pix2pix[149]、DualGAN[150] 以及 DiscoGAN[151] 进行生成图像的对比，对象为 500 张 HRSC2016 光学图像转换生成的侧扫声呐沉船目标图像，并与真实侧扫声呐图像评估集中的 100 张图像对比，分别计算 FID、MMD 和 1-NN。最终定量试验结果如表 4.6 所示。

表 4.6　使用不同典型模型生成图像的性能

组别	模型	FID↓	MMD↓	1-NN↓0.5
1	pix2pix	214.77	0.315	0.97
2	CG-ResNet-06	153.65	0.192	0.82
3	CG-ResNet-09	148.71	0.164	0.83
4	CG-UNet-128	155.12	0.137	0.77
5	CG-UNet-256	133.69	0.151	0.79
6	DualGAN	130.17	0.160	0.74
7	DiscoGAN	129.98	0.149	0.75
8	Our Method	**123.12**	**0.105**	**0.72**

对比组别 2、3、4 和 5 可以看出，模型结构并不是越复杂，参数越多效果越好，相反由于侧扫声呐图像低分辨率、特征贫瘠等特征，在图像的生成上越复杂的模型结构不一定带来更好的生成效果；组别 1 证明 pix2pix 模型生成图像的质量最不理想，可能是由于该模型需要成对的数据集作为训练的输入，本实验虽然拥有同一目标的不同域图像，但是除了在背景上的差异外，还存在目标的尺寸、方位、纹理、分辨率等多维度的差异，不能理解为理想的成对图像，而组别 2～8

由于采用无监督学习，不需要成对的双域图像即可完成高质量的图像生成，因此均取得优于组别 1 的效果；从组别 6、7 可以看出，DualGAN 和 DiscoGAN 与 CycleGAN 在沉船目标光学与侧扫声呐双域图像转换任务上性能差距不大，均能很好的达到目的。

组别 8 对比其他组别可以看出，使用本章模型结构的 FID 和 MMD 值均最低，1-NN 值与 0.5 最为接近，证明和上述模型相比，本章模型生成的图像与真实侧扫声呐沉船图像拟合程度更高，拥有更好的细节度和真实度以及更低的模式崩溃概率。

2. 定性分析

图 4.17 为 5 种模型对大尺寸、多数量和小尺寸三种具有典型代表的光学图像的转化图，可以看出 5 种模型均基本实现了光学到声学的跨域转化，完成了样本扩增。其中，(b)、(c) 均不能很好地生成沉船的纹理特征以及背景出现了黑洞的情况；(d) 虽然较好地生成了背景但是依然存在白条以及方框背景等情况；(e) 在多目标和小尺寸目标纹理特征的生成中较前面几个模型有了提高，但是却出现了边界的黑框，可能是错把沉船目标的阴影特征学习成了背景信息；再看本章的方法，相较于前面 4 种模型，无论是在模型的纹理特征生成上还是背景特征生成上，均取得了不错的效果。

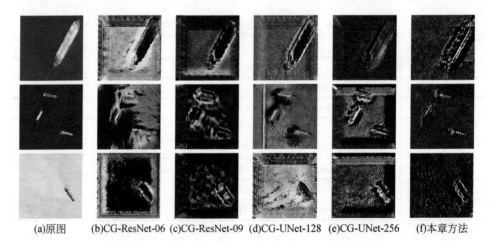

(a)原图　(b)CG-ResNet-06　(c)CG-ResNet-09　(d)CG-UNet-128　(e)CG-UNet-256　(f)本章方法

图 4.17　5 种模型进行光学图像转换侧扫声呐图像的效果图

3. 目标探测模型性能

以沉船目标为对象，实验的策略与 4.4.1.4 节保持一致。设计了 3 组数据集分别对 YOLOv5 模型进行训练，具体见表 4.7，分别是只包含真实侧扫声呐数据、只包含本章模型生成的数据，以及包含真实数据与生成数据的数据集，并挑选 100

张真实的侧扫声呐图像对训练后的模型进行性能评估。其中，生成的沉船数据均经过数据筛选，剔除了扩增失败的图像。

表 4.7　训练集和验证集的组成

组别	真实的沉船图像	生成的沉船图像
A	500	—
B	—	2000
C	500	2000
验证	100	—

使用 100 张真实的侧扫声呐图像对训练的模型进行验证，采用在目标检测评估领域广泛应用的 Recall、Precision 和 AP 来评价模型，结果如表 4.8 所示。

表 4.8　不同训练集的 YOLOv5 网络对真实图像检测性能

	Recall	Precison	$AP_{0.5}$	$AP_{0.5:\ 0.95}$
YOLOv5-A	79.12	84.14	78.43	46.21
YOLOv5-B	82.47	88.29	81.07	50.66
YOLOv5-C	83.22	88.65	81.65	51.50

由表 4.8 可以看出，使用本章方法生成图像进行训练的模型在 Recall、Precision 和 AP 值均高于仅使用真实侧扫声呐数据训练的模型，证明了生成数据在模型性能提升中的起到了关键作用，结论和 4.4.1.4 节保持一致，证明了本章方法的有效性。

从图 4.18 可以看出，使用 A、B、C 三组数据集训练后的 YOLOv5 模型均可以实现真实海底沉船目标的识别，但是对比（b）、（c）和（d）可以发现，仅仅使用数据集 A 进行训练的模型在沉船目标识别的置信度平均在 65%，且在定位精度上有待加强，没有很好对沉船的阴影进行很好的识别，在识别准确率上，将组 3 图像中礁石目标错误识别为沉船目标；而使用了本章扩增数据集 B 和 C 进行训练的模型在沉船目标阴影识别上效果更好，且无论是在定位精度还是在置信度上均明显高于仅仅使用真实数据集进行训练的模型，平均置信度均达到了 90%。

以上实验证明了使用本章方法进行样本扩增的图像与真实侧扫声呐图像具有更贴近的真实度、细节度与完整度，且实现了提升基于深度学习的目标探测模型探测性能的目的。

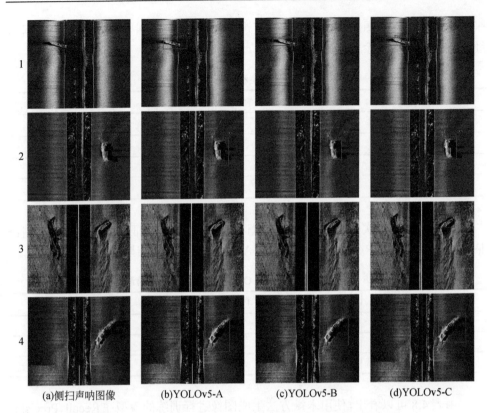

<table>
<tr><td>1</td></tr>
</table>

| (a)侧扫声呐图像 | (b)YOLOv5-A | (c)YOLOv5-B | (d)YOLOv5-C |

图 4.18　三种模型对部分真实侧扫声呐目标检测效果对比图

4. 消融实验与评估

为了验证各个模块在本章模型性能中的作用，采用控制变量法分别对 CSA 模块和 LSGAN 损失函数进行消融实验，评价指标依旧采用 FID、MMD 和 1-NN。设计了 6 组对照实验，实验配置、训练数据集以及评估数据和 4.4.1 节一致，实验结果如表 4.9 所示。

表 4.9　不同改进策略对 GAN 性能的影响

组别	CSA 模块		LSGAN	FID↓	MMD↓	1-NN↓0.5
	通道	空间				
1	—	—	—	136.52	0.211	0.91
2	√	—	—	132.95	0.169	0.81
3	—	√	—	133.01	0.152	0.80
4	√	√	—	126.84	0.131	0.77
5	—	—	√	130.98	0.134	0.78
6	√	√	√	123.12	0.102	0.72

对比组别1、2、3和4可以看出，融入了注意力机制后模型生成图像的质量更高，其中融合了通道注意力和空间注意力机制的组别4较仅使用了通道和空间注意力模块的组别2和3拥有更高的性能，证明了本章提出的CSA模块对模型的有效性；对比组别5和组别1可以看出本章提出的LSGAN损失函数的优越性；对比组别6和组别4、5可以得出融合了CSA模块和LSGAN损失函数后模型的性能比仅使用单一策略的效果更佳，对模型的整体性能提升起到了至关重要的作用，体现了本章提出的方法的有效性。

使用不同策略训练的6组模型对部分光学图像的转化效果如图4.19所示。

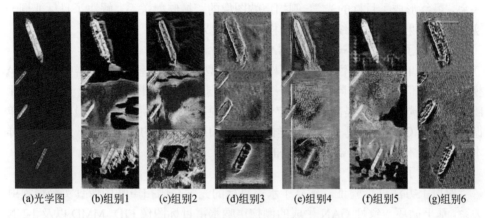

(a)光学图　(b)组别1　(c)组别2　(d)组别3　(e)组别4　(f)组别5　(g)组别6

图4.19　6组模型对部分光学图像的转换图

从图4.19可以看出组1生成的数据真实度最低，对比组2和组1可以看出，增加了通道注意力模块的模型在生成目标时能够挖掘更多的细节特征，但是在背景特征生成上有待加强；对比组3和组1可以看出，增加了空间注意力模块的模型在生成图像的背景时效果更优，但是仍然存在背景黑洞的情况，并且在目标细节特征的生成上效果一般；对比组别4和组别1可以看出，采用了CSA模块的模型在目标细节特征以及背景特征生成上能力提升明显；对比组别5和组别1可以看出，采用了LSGAN目标函数的模型较好地实现了目标图像的生成，但是在背景的边缘仍然存在明显的方框，显得不是特别的自然；对比组6和组1可以看出，融合CSA模块和LSGAN目标函数的模型无论是在沉船目标的纹理、边缘等细节特征，还是在背景特征上均表现良好，生成了清晰度高、细节特征完整、真实感强的目标图像，证明了本章方法的有效性。

4.5　本章小结

针对侧扫声呐水下目标样本严重匮乏且代表性不足的问题，本章提出了一种基于同一实体跨域映射关系的水下目标侧扫声呐图像样本扩增方法，克服了现有样本扩增方法因存在系统偏差进而导致扩增样本代表性弱和真实性差的不足，解决了零样本和小样本水下高代表性目标样本扩增难题，为高性能实时智能探测模型构建提供了高质量训练数据基础。具体工作及贡献如下：

1. 提出了基于同一实体跨域映射关系的水下目标侧扫声呐图像样本扩增方法

引入 3D 打印技术，实现了小样本甚至是零样本水下目标的实体模型制作；制作了多视角、多背景、不同成像距离下的光学影像，建立了同一目标实体-光学图像的映射关系；根据侧扫声呐实际测量模式，建立了实体-侧扫声呐图像的映射关系，最终形成了目标的光学-侧扫声呐图像的跨域映射关系，解决了目标非同一实体跨域映射关系因系统偏差制约样本扩增效果的问题。

2. 设计了基于循环一致性的 GAN

设计了单循环一致性的网络结构，保证模型的训练效率；在生成器中融合CSA模块，减少信息弥散的同时增强跨纬度交互，提高生成图像的质量；设计了基于LSGAN 的损失函数，提高训练稳定性的同时避免模式崩溃的情况；最终建立了单循环一致性 GAN，实现了目标光学图像与侧扫声呐图像的跨域转化，达到了小样本甚至零样本图像高质量扩增的目的。

3. 开展了实验验证

对以上方法进行验证，建立了水雷目标的光学与侧扫声呐图像真实跨域映射关系，基于循环一致性 GAN 生成的侧扫声呐水雷目标图像 FID、MMD 以及 1-NN 值分别达到 158.64、0.247 和 0.70，证明了基于同一实体跨域映射关系的样本扩增方法的有效性；基于循环一致性 GAN 生成的沉船目标图像 FID、MMD 以及 1-NN 值分别为 123.12、0.105 和 0.72，与传统的样本扩增方法相比，本章方法生成的侧扫声呐图像真实感更强，达到了小样本甚至零样本的样本高质量扩增的目的，证明提出的 GAN 的性能优越性。最后，使用本章生成样本训练后的检测模型进行了真实目标检测，结果表明，训练后的模型在零样本水雷目标检测的 AP 值达到了 79.96%，在小样本沉船目标检测的 AP 值达到了 81.65%，证明了本章方法综合实现了零样本和小样本水下高代表性目标样本的高质量扩增，提升了检测模型的性能，并为"高性能探测模型"的构建提供了数据基础。

第5章 DETR-YOLO轻量化模型建立及在航条带目标实时检测

5.1 引　　言

　　轻量、高准确率的实时检测模型是高性能探测模型的关键组成。针对传统检测模型在复杂海洋噪声背景下对小尺寸目标检测存在漏警和虚警率高，同时无法满足 AUV 实时智能探测模块计算性能限制的问题，本章开展了实时检测技术研究，提出了 DETR-YOLO 轻量化检测模型与在航条带侧扫声呐水下目标实时检测方法，技术路线及主要工作如图 5.1 所示。

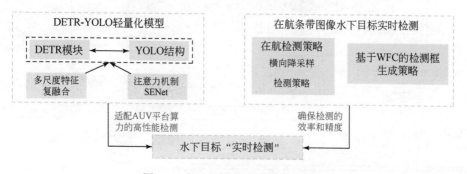

图 5.1　水下目标实时检测技术路线

　　（1）DETR-YOLO 轻量化检测模型构建。创新性的融合了 DETR 与轻量化 YOLO 结构；设计了多尺度特征复融合模块。通过增强浅层和深层特征的融合，提升了强定位特征与深层语义特征学习能力；融入了注意力机制 SENet，在不增加模型额外负担的同时强化对重要通道特征的敏感性，提高了小目标检测能力。

　　（2）提出了在航条带图像水下目标实时检测方法。基于置信度的加权融合（WFC）的检测框策略，提升检测框的定位精度和置信度，解决水下目标实时探测时机的同时提高了检测的效率和精度。

　　（3）在舟山开展了海上试验、模型对比实验、消融实验以及海底仿真实验，验证了给出的目标检测模型构建方法和实时检测策略的有效性。

　　本章研究旨在解决复杂海洋噪声背景下小尺寸目标检测的准确性低、重叠目标漏警和虚警高的问题的同时满足模型的轻量化，实现在航条带侧扫声呐水下目标实时精确检测。

5.2 DETR-YOLO 检测模型

DETR-YOLO 模型结构由输入、Backbone、Neck 和输出四部分组成，具体如图 5.2 所示。Backbone 主要由 1 个 Focus、6 个 CBL 和 4 个 CSPDarknet53、1 个 SPP 结构组成、4 个 SENet 和 4 个 DETR 模块组成，用以提取目标的通用特征；Neck 位于 Backbone 和 Prediction 之间，目的是进一步丰富特征的多样性以达到提升模型鲁棒性的目的；Prediction 即为输出端，作用为完成目标检测结果的输出。

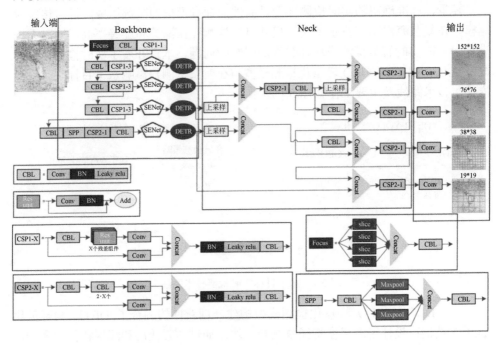

图 5.2 DETR-YOLO 模型结构

5.2.1 DETR 模块

为使模型达到更好的检测效果的同时实现模型的轻量化目标，本章创新融合了 DETR 结构。DETR 结构由 Encoder、Decoder 和 Prediction 三部分组成，具体如图 5.3 所示。在 Backbone 部分，使用常规的卷积神经网络（convolutional neural networks，CNN）学习输入图像的特征并送入 Encoder 进行位置编码；在 Encoder

部分，首先将 Backbone 输出的特征图进行维度压缩，即通过 1×1 卷积核对 $C×H×W$ 维的特征图进行卷积操作，将通道数 C 压缩为 d 得到 $d×H×W$ 维特征图。其次对特征图进行序列转换，即将空间维度 $H×W$ 压缩到 HW 得到 $d×HW$ 的 2 维特征图，最后将 2 维特征图进行位置编码。Encoder 部分共包含 6 层，每层均包含 8 个自注意力模块和前馈神经网络（Feed Forward Network，FFN）；Decoder 部分同样包含 6 层，每层包含 8 个自注意力模块、8 个共同注意力模块和 FFN，Decoder 对 Encoder 输出的特征图进行特征提取，Decoder 将少量固定数量的位置嵌入 Object Queries，作为输入并参与输出。最后将 Decoder 的输出传递给 FFN，进行网络检测类别（class）和位置（box）或无目标类（no object）。

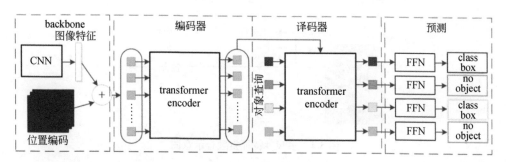

图 5.3　DETR 结构

DETR 注意力模块的引入使模型有选择的聚焦输入的有效部分，提升模型目标特征学习的针对性，同时与传统 Transformer 不同的是，DETR 在特征图处理的过程中一次性处理全部的目标查询（Object Queries），即一次性输出所有的预测结果，而不是从左至右逐一输出，大大节省了模型训练的效率，利于模型的轻量化目标。

5.2.2　多尺度特征复融合

随着降采样的不断加深，模型不断从浅层特征学习到深层的语义特征学习。针对深层的语义特征学习虽然拥有更大的感受野，但是较大的降采样因子会带来位置信息的损失，同时深层的语义特征与浅层特征之间相对独立，因缺少信息的融合造成特征信息的利用率不高，不利于模型训练的问题，本章采用了多尺度特征复融合结构，具体如图 5.4 所示。首先通过上采样将强语义特征向上传递，与浅层特征进行融合，增加多尺度的语义表达，随后，通过下采样将强定位特征与深层的语义特征融合，增强多尺度的定位能力，从而全面提升模型的特征学习能力。另外，本章将多尺度的特征进行交叉复融合，加强融合特征之间的再融合，从而实现多层的参数聚合，进一步提升抽象特征和位置信息的学习。

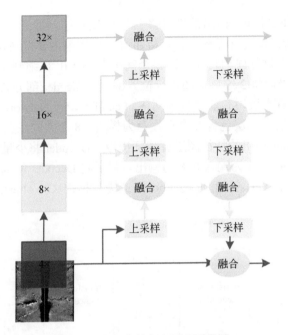

图 5.4　多尺度特征复融合示意图

　　YOLOv5 模型包含 8×8，16×16，32×32 大小感受野的目标检测，但是针对小尺度目标存在特征学习不充分进而导致最终漏检的情况，本章首先增加检测层，通过 3×3 卷积核经步长为 2 的降采样得到 152×152 大小的特征图以获得 4×4 的特征感受野，从而更好地对小尺度目标进行检测。检测层的增加虽然增加了小尺度目标特征提取和特征融合的能力，但是一定程度上导致模型的复杂程度加深，因此带来的计算量的增加和冗余计算不利于模型的轻量化，为此，在原有模型的基础上采用跨阶段局部网络（Cross Stage Paritial，CSP）模型结构，通过残差结构的堆叠和卷积的同步操作完成跨阶段结构下结果的合并，实现梯度变化在特征图上的集成，在增强模型学习能力的基础上降低计算瓶颈和内存成本，解决网络优化中梯度重复的问题，更好地达到模型轻量化的目的。

5.2.3　SENet 模块

　　针对传统的卷积操作是在局部感受野上将空间信息和特征维度信息进行聚合以获取全局信息，往往忽略了特征通道之间的相互关系，遗失细节特征，并且没有针对性地进行有效特征学习的问题，本章采用了 SENet 注意力机制结构进行优化，让模型以全局信息为基础，通过学习的方式自动获取每个特征通道的重要程度并赋予相应的权重，在增强有益特征学习的同时抑制冗余特征的学习，以加强特征学习的针对性，提高模型的检测性能。具体结构如图 5.5 所示。

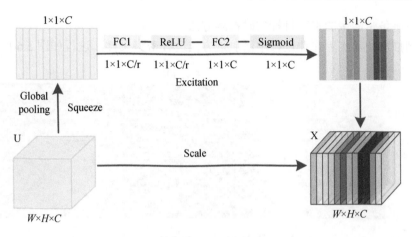

图 5.5　SENet 结构图

SENet 分为 Squeeze 和 Excitation 两部分，其中 Squeeze 部分通过全局平均池化对相应的特征图进行一维压缩，即将 $W \times H \times C$ 的特征图压缩成 $1 \times 1 \times C$：

$$Sq_i = \frac{1}{W \times H} \sum_{j=1}^{W} \sum_{k=1}^{H} u_i(j,k) \tag{5.2.1}$$

式中，$W \times H$ 为特征图的宽高；$u_i(j,k)$ 为第 i 个通道位置为 (j,k) 的元素，$i \in C$；

在 Squeeze 操作获得全局特征后通过 Excitation 操作提取各通道之间的关系：

$$Ex = \sigma(g(z,W)) = \sigma(W_2 \delta(W_1,z)) \tag{5.2.2}$$

Excitation 操作采用 Sigmoid 中的 gating 机制，通过引入全连接层 FC_1，以参数 W_1 将通道降低为原来的 $1/r$，经 ReLU 函数（δ）激活后通过全连接层 FC_2，以参数 W_2 将通道恢复原来通道数，最后经 Sigmoid 函数（σ）生成各通道权重。本章采用的降维比例为 $r=16$。

最后，将生成的权重值经过 Scale 操作加权到对应的特征通道中，得到最终的输出 X。

$$X_i = F_{scale}(u_i) = u_i \times Sq_i \tag{5.2.3}$$

SENet 以轻量级的结构在增加少量计算量的同时提升模型对通道特征的敏感性，带来模型性能的提升。

5.3　在航条带图像的水下目标实时检测方法

在实际作业中，侧扫声呐图片输入检测模型的时机以及大小直接决定实时检测的效率和精度。侧扫声呐图像是实时更新且通常具有较大尺寸，直接输入智能检测模型会导致效率严重下降，而压缩图像又会导致目标关键信息丢失，因此，提出在航条带图像的水下目标实时检测方法。

　　侧扫声呐在实际作业过程中沿航迹方向进行密集采样，过程如图 5.6 所示。

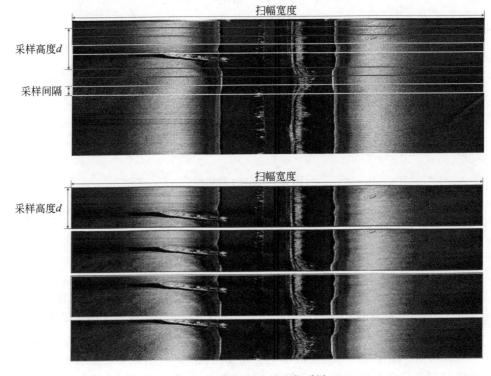

图 5.6　沿航迹方向的密集采样

　　图 5.6 中各种颜色的方框表示采样操作，其中横向像素等于侧扫声呐的扫描宽度除以横向分辨率，高度为 d 个像素。不同颜色的方框表示采样区域。采样宽度与侧扫声呐的扫描宽度相同，采样高度 d 应大于目标在航迹方向上的长度，为了满足检测算法的要求，将其设置为与标准输入相同。沿航迹方向的采样间隔等于侧扫声呐的回波采样间隔。

　　从图 5.6 看出，在侧扫声呐测量中，横向分辨率（表示横向方向上两个相邻像素之间的实际距离）和纵向分辨率（表示纵向方向上两个相邻像素之间的实际距离）之间的差异会导致水下目标的形状失真。横向和纵向分辨率差异导致的图像畸变如图 5.7 所示。

　　图 5.7 中的网格高度比宽度长，意味着目标被拉伸甚至扭曲，并导致目标信息的丢失和影响检测精度。

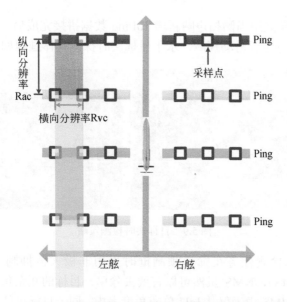

图 5.7　横向和纵向分辨率差异导致的图像畸变

为了尽可能保持目标的实际长宽比并减少实时检测的计算量，提出并应用了横向方向上的降采样方法，采样倍数 n 如下所示：

$$n = \frac{R_{ac}}{R_{vc}} = \frac{v \times T}{L/N} \tag{5.2.4}$$

其中，R_{ac} 和 R_{vc} 分别是沿航迹方向和横向方向的映射分辨率。这意味着沿航迹方向两个相邻像素之间的实际距离为 R_{ac}m，而在横向方向上为 R_{vc}m。v 代表船舶速度，Ping 采样间隔表示为 T。L 和 N 分别表示侧扫声呐的扫描宽度和横向方向上的采样数。根据公式（5.2.4），横向方向上的像素数量减少为 $1/N$，而沿航迹方向保持不变，如图 5.8 所示。

图 5.8　降采样后图像

最后，考虑到水下目标位置的随机性，为保证完整探测目标的同时为同一目标探测框的合并提供充分的冗余信息，通过在横向方向上从左到右以 $d \times d$ 像素的检测窗口，相邻检测窗口采用 75%的覆盖率滑动，最后一个检测框若不能恰好覆盖整个条带图像，多余部分采用单一灰度进行填补。若采用逐单 Ping 检测，不仅会增加整个模型的运算量，同时单 Ping 数据的增加往往对整个目标探测结果没有影响，因此，本章采用当侧扫声呐新增 10Ping 数据拼接完成后，连同先前所测图像对新增图像部分进行滑动探测，水下目标实时探测具体过程如图 5.9 所示。

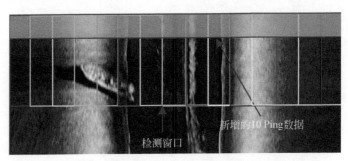

图 5.9　目标实时检测策略

常规的目标检测任务在筛选预测框时采用非极大值抑制（Non-Maximum Suppression，NMS），NMS 虽然可以有效去除单一目标的冗余预测框，但是针对重叠的多目标，NMS 由于仅从 IoU 单一角度考虑，同一目标可能会被多个滑动窗口部分或者完整地探测，以及多目标被同一滑动窗口探测，若不加以融合区分容易造成探测的漏警和虚警。因此，为得到单一目标的单一探测框，提出基于 WFC 的检测生成策略，具体流程如图 5.10 所示，此处以红框为示例。

图 5.10　WFC 策略流程图

同一滑动窗口内可能会出现多个相同类别或者不同类别的目标。因此，在进行边界框融合之前，首先要做的是判断边界框是否属于同一目标。具体做法为：每当一个滑动窗口检测完成时，若该窗口内存在目标，则将检测到的每一个目标信息与相邻具有公共覆盖区的所有窗口内检测到的目标信息进行比对，二者的比值计算如下式：

$$T_{\text{IoU}} = \frac{(P_i \cap W_{ol}) \cap (P_j \cap W_{ol})}{\min((P_i \cap W_{ol}),(P_j \cap W_{ol}))} \tag{5.2.5}$$

其中，P_i 和 P_j 为相邻探测窗口 W_i 和 W_j 中的预测框；W_{ol} 为相邻窗口的公共区域，当 T_{IoU} 大于设定阈值时判定为同一目标。

为进一步提高探测定位精度，避免重叠目标或距离极近的目标探测的漏警，考虑每个预测框在探测框生成中的作用，即根据置信度分数赋予每个预测框权重，并生成加权融合框的坐标，融合框的置信度为所有预测框的平均置信度，具体如式（5.2.6）、（5.2.7）所示。

$$x_{\text{left}}^t = \frac{\sum_{i=1}^{n} c_i \times x_{\text{left}}^i}{\sum_{i=1}^{n} c_i}, x_{\text{right}}^t = \frac{\sum_{i=1}^{n} c_i \times x_{\text{right}}^i}{\sum_{i=1}^{n} c_i}$$

$$y_{\text{top}}^t = \frac{\sum_{i=1}^{n} c_i \times y_{\text{top}}^i}{\sum_{i=1}^{n} c_i}, y_{\text{bottom}}^t = \frac{\sum_{i=1}^{n} c_i \times y_{\text{bottom}}^i}{\sum_{i=1}^{n} c_i}$$

（5.2.6）

$$c_t = \frac{\sum_{i=1}^{n} c_i}{n}$$

（5.2.7）

其中，$(x_{\text{left}}^t, y_{\text{top}}^t)$，$(x_{\text{right}}^t, y_{\text{bottom}}^t)$ 为生成融合框的左上角和右下角坐标；$(x_{\text{left}}^i, y_{\text{top}}^i)$，$(x_{\text{right}}^i, y_{\text{bottom}}^i)$ 为第 i 个预测框的左上角和右下角坐标；C_t 和 C_i 分别为生成融合框和每个预测框的置信度分数。

基于传统 NMS 和基于 WFC 生成的最终检测框如图 5.11 所示，相较于 NMS 策略生成的检测框将两个相近重叠目标误检成单一目标，基于 WFC 策略生成的检测框正确检测出两个目标，在一定程度上有效降低了相近目标漏警的概率，同时拥有更高的定位精度和置信度，证明基于置信度的策略在本数据集中的有效性。

(a)传统策略检测框　　　　　　　(b)本章策略检测框

图 5.11　生成检测框对比图

5.4　实验与分析

为验证本章提出 DETR-YOLO 模型的性能以及在航条带图像水下目标实时检测方法的有效性，本节以侧扫声呐沉船水下目标为例，开展实验与分析，包括以下两大部分：第一，对 DETR-YOLO 模型进行训练与评估，包括与主流模型对比实验、消融实验与仿真实验；第二，通过舟山某海域实测数据对模型性能以及在航条带图像实时检测方法进行验证与分析。

5.4.1　数据准备与预处理

本章的实验数据集沿用第 4 章的沉船数据集（具体见 4.4.2.1），共计 600 张实测侧扫声呐沉船图像，并通过 GAN 进行 1000 张图像的样本扩增，部分数据集图像如图 5.12 所示。

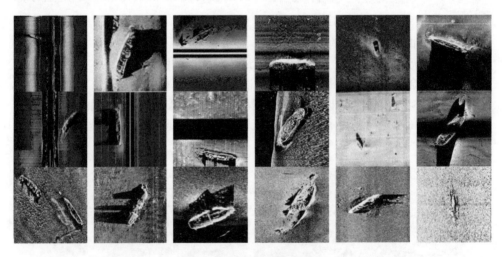

图 5.12　部分沉船数据集

为了更好地分析数据集中目标的特点，本章统计了沉船目标在图片中的位置分布情况，以及沉船目标相对于图片的长宽比例，其中颜色的深浅代表数量的多少，颜色越深数量越多，具体统计如图 5.13 所示。

目标检测模型是数据驱动的模型，因此网络性能容易受到训练数据集数量和分布的影响。从图 5.13 中可以看出，沉船目标主要集中在图片的中央位置，且大多为小尺寸的目标。对于侧扫声呐水下目标检测模型的训练，存在着数量不足和不同目标数量不平衡的问题，这将限制深度学习算法的性能。为了进一步丰富样本数据集，弥补水下目标的尺寸和分布局限性，本章在实测数据与样本扩增数据的基础上引入了数据增强技术，以生成更多的水下目标图像，提高模型的泛化能力。本章首先对数据集进行归一化处理，并采用图像镜像、图像旋转、多尺度剪裁放大、图像平移、亮度变化、图像加噪、图像混响等数据增强操作，最终共获取沉船图像 5000 张，图 5.14 显示了不同数据增强算法实现的结果。

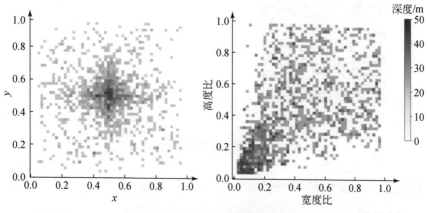

图 5.13　沉船目标分布和尺寸情况

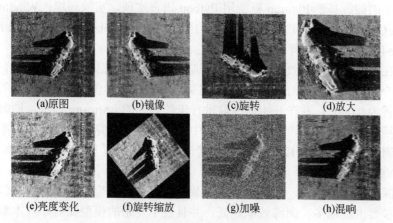

(a)原图　　　(b)镜像　　　(c)旋转　　　(d)放大

(e)亮度变化　　(f)旋转缩放　　(g)加噪　　(h)混响

图 5.14　部分数据增强效果图

　　本章利用开源软件 LabelImg 对图片中的沉船目标进行人工标注，使用矩形框框选沉船目标，LabelImg 标注的主界面如图 5.15（a）所示，生成的标注信息自动保存到模型可读的 XML 格式文件中，如图 5.15（b）所示。

5.4.2　DETR-YOLO 模型性能评估

　　为评估 DETR-YOLO 模型的检测性能，开展以下实验，主要包括：①DETR-YOLO 模型的性能评估，包括 YOLO 模型的竞优选型、与主流 YOLOv5a 模型和

Transformer 模型的对比实验；②验证 DETR 模块、多尺度特征复融合、SENet 模块有效性的消融实验；③模拟海底复杂海洋环境下模型检测性能的仿真实验。

(a)LabelImg标注的主界面　　　　　　　　　　(b)标注后生成的XML格式文件

图 5.15　沉船目标检测标注过程图

5.4.2.1　模型训练与评估

1. 实验配置

模型的训练基于 Pytorch 框架用 Python 语言实现，实验环境：Windows10 操作系统；CPU 为 Intel（R）Core（TM）i9-10900X@3.70GHz；GPU 为 2 块 NVIDIA GeForce RTX 3090，并行内存 48GB。

为在保证模型训练效果的同时提升训练效率，将数据集设定为 8∶2，其中训练集的 5%设定为验证集，并采用五折交叉运算策略进行模型训练；训练的初始学习率设置为 0.0001，并在开始训练前进行步长为 5 的 warm-up 训练，同时采用一维线性插值调整学习率，并在训练过程中采用余弦退火算法实现的学习率的实时调整；训练步数设置为 1200 步，并根据计算机配置设置 batch size 为 32。

2. YOLO 模型竞优

在深度学习模型中，通常结构越复杂，深度越深，检测效果越好，但是相应的模型参数也就越多，训练效率越低，并且过于复杂的模型在对小样本数据的训练上未必能够达到最优的检测效果，甚至会产生过拟合的情况，另外越复杂的模型往往权重越高，检测时需要更多的浮点运算，不利于工程部署。因此，为设计出在侧扫声呐水下目标检测上性能优异的 YOLO 模型，本节基于以上数据集和实验配置，构建了 8 种不同宽度和深度的模型，分别为 YOLOv5a、YOLOv5b、YOLOv5c、YOLOv5d、YOLOv5s、YOLOv5m、YOLOv5l 和 YOLOv5x，并与 YOLOv3 进行比对实验，具体如表 5.1。

表 5.1　8 种模型指标参数

模型	深度比	宽度比	层数	参数数量	GFLOPS
YOLOv5a	0.67	0.50	391	9373302	22.7
YOLOv5b	0.55	0.55	373	11429950	27.4
YOLOv5c	0.50	0.63	355	14857277	35.7
YOLOv5d	0.40	0.75	293	16183005	37.2
YOLOv5s	0.33	0.50	283	7276605	17.1
YOLOv5m	0.67	0.75	391	21375645	51.4
YOLOv5l	1.00	1.00	499	46631350	114.1
YOLOv5x	1.33	1.25	607	87244374	217.3

其中八种模型按照 s、a、b、c、d、m、l 和 x 顺序结构越来越复杂，模型参数越来越多，每秒 10 亿次的浮点运算（GFLOP）越高，相应的对 GPU 的性能需求就越强。

实验根据表 1 的超参数设置对 8 种深度的 YOLOv5 模型和 YOLOv3 模型在侧扫声呐沉船图像训练集上进行了 1200 步的训练，训练结果如图 5.16 所示。

模型损失值由置信度和位置损失组成，分别如图 5.16（a）（b）所示，八种模型损失值均随着训练次数的增加而不断减小并逐渐趋于稳定，并且收敛速度相当。其中，YOLOv5a 模型无论是置信度损失还是位置损失均最低。

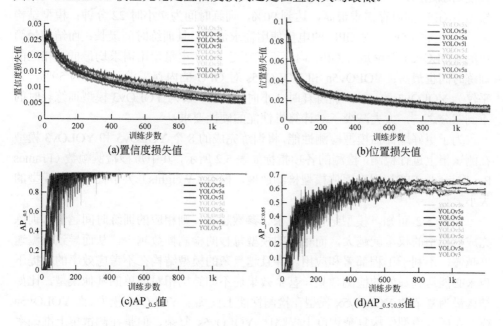

(a)置信度损失值　　　(b)位置损失值

(c)AP$_{0.5}$值　　　(d)AP$_{0.5:0.95}$值

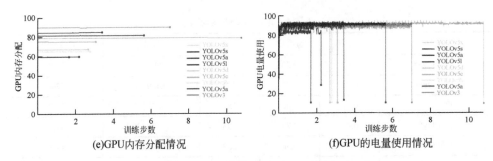

(e)GPU内存分配情况　　　　　　　　　(f)GPU的电量使用情况

图 5.16　8 种模型训练过程对比图

注：$AP_{0.5}$ 表示 IoU 设置为 0.5 时的平均 AP 值，$AP_{0.5:0.95}$ 表示 IoU 阈值从 0.5 至 0.95，
步长为 0.05 情况下的平均 AP 值

8 种模型在 IoU 设置为 0.5 时的 $AP_{0.5}$ 值如图 5.16（c）所示，均在训练 500 之后趋于稳定达到了 1，为了更好地比较模型之间的检测性能，本实验比较了模型在 IoU 阈值从 0.5 至 0.95，步长为 0.05 的情况下的平均 AP 值，即 $AP_{0.5:0.95}$，如图 5.16（d）所示，8 个模型在训练了大约 900 步后趋于稳定，其中 YOLOv5a 模型达到最高的 0.6461。

在推进工程应用的目的下，为了更好地评估各模型在训练时对计算机性能需求，本实验对 GPU 分配内存和 GPU 的电量使用情况进行了实时记录，分别如图 5.16（e）（f）所示。由图可知模型的结构越复杂，参数越多，相应的对计算机的性能需求越高，训练所花费的时间越长，成本越高。其中 YOLOv3 模型相比其他模型对 GPU 的内存需求最高，达到 90%，训练时间为 7 小时 22 分钟；模型结构最复杂的 YOLOv5x 对 GPU 的电量使用需求最高，且训练时间最长；而结构最简单的 YOLOv5s 无论是对 GPU 内存需求还是 GPU 电量使用需求均最低，相应的训练时间也最短；YOLOv5a 和 YOLOv5s 对 GPU 的内存需求一样仅为 59%，几乎为 YOLOv3 的一半，训练耗时 2 小时 5 分钟，仅为 YOLOv3 模型训练耗时的不到三分之一，大大减少了对计算机性能的硬性要求。

为了更好地评估模型检测性能，将训练完成的 8 个 YOLOv5 和 YOLOv3 模型在测试集上进行检测，检测的各项指标如表 5.2 所示，其中每秒检测帧数（Frames Per Second，FPS）用以评估模型检测速度，权重（Weights）大小代表生成模型的大小。

由表 5.2 可知，模型结构越复杂、参数越多，则相应的训练时间越长，训练完成后模型的权重就越大，而相对的模型每秒的检测帧数越少，从而导致检测速度越慢，不利于工程部署和应用。并且越复杂的模型结构在不考虑效率的前提下也未必能达到最好的检测效果，甚至效果还不如结构相对简单的其他模型，比如结构最为复杂的 YOLOv5x 模型在检测性能上仅优于 YOLOv3 模型。而 YOLOv5a 模型在所有模型结构复杂程度上仅略比 YOLOv5s 复杂，但是在测试集上准确率和召回率却达到最高的 0.896 和 0.839，$AP_{0.5}$ 和 $AP_{0.5:0.95}$ 达到最高的 0.825 和 0.516，并且 FPS 达到了 432，相较 YOLOv3 模型几乎提升了 100%，且 18.6M 的模型权重只有 YOLOv3 模型权重的十分之一。

表 5.2　8 种模型在测试集上各项性能指标

Model	Precision/%	Recall/%	FPS	$AP_{0.5}$/%	$AP_{0.5:0.95}$/%	检测速度/ms	权重/M
YOLOv3	85.5	77.4	226	77.9	46.1	8.12	120.5
YOLOv5s	87.8	83.2	467	81.1	49.1	3.6	14.1
YOLOv5a	89.6	83.9	430	81.8	51.6	3.7	18.6
YOLOv5b	89.4	81.9	411	79.4	48.2	4.7	22.6
YOLOv5c	88	80.6	406	81.2	50.7	5.0	28.8
YOLOv5d	88.3	83.2	385	80.2	50.6	4.8	31.3
YOLOv5m	89.6	83.2	355	78.7	48.7	5.2	41.4
YOLOv5l	89	78.7	274	78.6	49	7.0	91.5
YOLOv5x	87.7	83.2	173	80.6	49.9	10.6	170.9

综合图 5.16 和表 5.2 可知，YOLOv5 模型除了结构最为复杂的 YOLOv5x 模型，其他模型无论是在检测性能还是模型训练效率上都全面超越了 YOLOv3，其中 YOLOv5a 模型无论是在准确率、召回率、$AP_{0.5}$ 还是 $AP_{0.5:0.95}$ 都达到最高，虽然其在 FPS、检测速度和最终的模型权重上略大于结构最简单的 YOLOv5s 模型，但是 0.1ms 的检测速度差异几乎对模型性能没有影响，因此在全面综合评估后，选择 YOLOv5a 作为最佳的检测模型。

3. DETR-YOLO 模型训练与评估

本节将前文提出的 DETR-YOLO 模型与 YOLOv5a、Transformer 进行对比。图 5.17 为三种模型的训练情况。

从图 5.17（a）（b）可以看出，三种模型的位置和置信度损失值均随着训练步数的增加而不断减小并最终趋于稳定，达到拟合状态。其中，本章模型由于使用了多尺度特征复融合策略以及 SENet 注意力机制，所以能够获得更加全面、细节的特征，因此置信度损失值最低；在位置损失值上，本章模型由于融合了 DETR 模块，所以在初始阶段需要进行位置信息编码，造成初始损失值较高，但是随着训练步数的不断增加，DETR 全局感知和并行信息处理的优势逐渐发挥，同时 WFC 策略充分考虑各个预测框的权重比例，避免有效预测框的信息丢失，使位置损失值迅速下降并趋于收敛，并在 1200 步时和 YOLOv5a 几乎一样。

从图 5.17（c）（d）可以看出本章模型虽然融合了 DETR，在结构明显复杂于 YOLOv5a 模型的情况下训练时间仅延长了 10 分钟，并且无论是在 CPU 线程使用数量还是 GPU 内存使用上均低于 YOLOv5a。

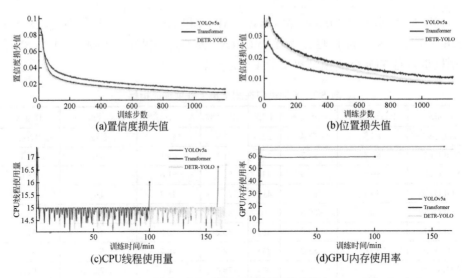

图 5.17　三种模型训练过程对比

　　三种模型在验证集上的 AP 值如图 5.18 所示。从图 5.18（a）可以看出在 IoU 设置为 0.5 时，三种模型均在训练 600 步后 AP 值达到 1。为更好地对训练模型性能进行比较，本实验比较了 IoU 阈值为 0.5 至 0.95，步长为 0.05 情况下三种模型的 AP 值，具体如图 5.18（b）所示，本实验模型 AP 值最终达到 0.691，在训练过程中整体高于 YOLOv5a 和 Transformer 模型，并在训练 700 步后模型趋于稳定，在训练速度和效率上同样优于其他两个模型。为评估训练完成后模型的检测性能，将 YOLOv5a、Transformer 和本章模型在测试集上进行检测，并以 AP 值和 FPS 作为量化指标，评估模型检测精度和效率；以 Weights 作为轻量化以及工程化的评估依据，3 种模型具体的检测量化结果如表 5.3。

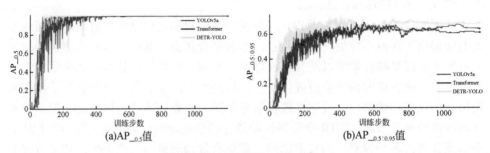

图 5.18　三种模型 AP 值对比

　　从表 5.3 可知,本章模型在 AP 值上明显高于其他两个模型,$AP_{0.5}$ 达到 84.5%,较其他两个模型分别提高了 2.7% 和 7.2%，$AP_{0.5:0.95}$ 达到 57.7%,较其他两个模型分别提高了 6.1% 和 13.8%,说明本章提出的模型具有最佳的检测精度；模型结构的复杂势必会带来检测速度的降低和权重的增加，因此，虽然在 FPS 和 Weights 上 DETR-YOLO 模型较其他两个模型略有逊色，但是减少的少量 FPS 和增加的少量 Weights 对模型轻量化和工程部署不会带来实质性影响，同时，以少量的检测速度和模型权重增加为代价换来的检测精度的大幅度提高是极具性价比的。

表 5.3 三种模型在测试集检测结果对比

模型	$AP_{0.5}$/%	$AP_{0.5:0.95}$/%	FPS	权重/MB
Transformer	77.3	43.9	442	15.3
YOLOv5a	81.8	51.6	430	18.6
DETR-YOLO	**84.5**	**57.7**	**427**	19.1

图 5.19 为三种模型的部分小尺寸沉船目标检测效果对比图，从左至右分别为原图、标注图、Transformer、YOLOv5a 以及 DETR-YOLO 模型检测效果图。

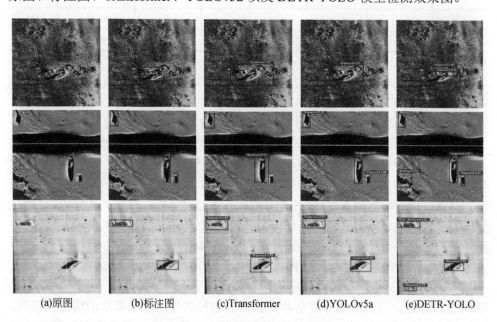

(a)原图　　(b)标注图　　(c)Transformer　　(d)YOLOv5a　　(e)DETR-YOLO

图 5.19　三种模型检测结果对比图

由图 5.19 可知，Transformer 模型仅能满足检测出沉船目标的要求，但是在定位精度和置信度上都没有出色的检测表现；YOLOv5a 模型较 Transformer 模型在检测性能上有较大的提升，但是在重叠目标上存在漏警的问题；而本章提出的 DETR-YOLO 模型无论是在定位精度、置信度还是重叠目标的检测上都有显著的性能提升，尤其是第一组的重叠沉船目标检测上，在对细节准确区分的同时依旧保持较高的定位精度和置信度。

综上，本章模型以少量训练时间增加为代价取得最低的训练损失值以得到检测性能最佳的模型，同时以更低的硬件要求满足工程化部署需求。

5.4.2.2 消融实验与评估

为验证多尺度特征复融合和 SENet 等策略的有效性以及 DETR-YOLO 模型在小尺寸目标上的检测性能，同样以 AP 值和 FPS 为评估指标，采用控制变量法对比分析各个策略对模型检测性能的影响，实验结果如表 5.4 所示。

表 5.4 不同策略的检测效果对比

组别	DETR	多尺度特征复融合	SENet	$AP_{0.5}$/%	FPS
1	√	—		83.16	441
2	√	√	—	84.01	429
3	√	—	√	83.57	438
4	√	√	√	84.52	427

对比组别 1 与 YOLOv5 模型可知，DETR 模块的融入使 $AP_{0.5}$ 提升了 1.36%，并且 FPS 提升了 11 帧，证明 DETR 模块无论是在检测精度还是检测效率上都有显著的提升；对比组别 1 和组别 2 可知，多尺度特征复融合的融入使 $AP_{0.5}$ 提升了 0.85%，代表了检测精度的提高，证明了该策略可有效地实现特征参数的聚合，强化语义特征和定位特征的学习，降低信息损失带来的影响。但 FPS 下降了 12 帧，代表了新增的结构和参数带来了计算量的增加，一定程度上降低了检测的效率；对比组别 1 和组别 3 可知，SENet 模块的融合使 $AP_{0.5}$ 提升了 0.41%，证明注意力机制的引入在增强有益特征学习的同时抑制了冗余特征的学习，加强了特征学习的针对性；在结合多尺度特征复融合和 SENet 策略后，通过对比组别 1 和组别 4 可知，两种策略的结合使 $AP_{0.5}$ 提升了 1.36%，同时 FPS 减少 14 帧；对比组别 4 和组别 2、3 可知，两种策略的结合要优于单一策略的使用。综上，模型模块的增加势必会带来结构的复杂和计算量的增加并导致检测效率的降低，但是，本章模型在如何以尽可能少的效率损失换来检测精度的大幅提升上取得了较好的成绩。

5.4.2.3 仿真实验与评估

由于水声信号具有时变性和空变形，海水中存在各种环境噪声影响，且不同的海况以及海洋环境会对声呐影像造成不同程度的干扰，其中斑点噪声是影响侧扫声呐影像质量的主要因素，因此为了更好地模拟不同海洋环境下的实际情况，从上至下分别对影像添加期望为 0，标准差为 20、60、100 的瑞利噪声。三种模型的检测效果对比图如图 5.20 所示，从左至右分别为 Transformer、YOLOv5a 和 DETR-YOLO 模型。

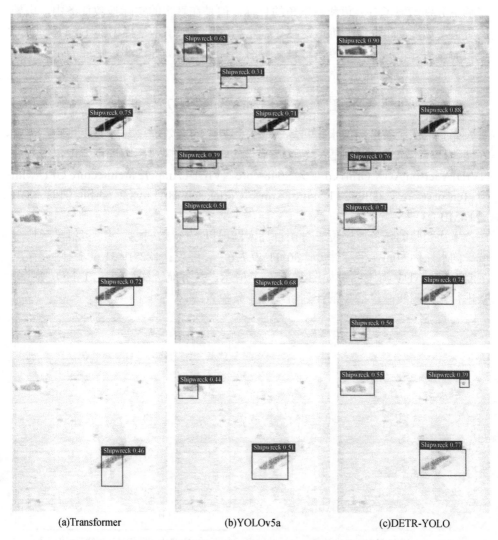

(a)Transformer　　　　(b)YOLOv5a　　　　(c)DETR-YOLO

图 5.20　三种模型加噪目标检测结果对比图

从图 5.20（a）看出，对于添加了标准差为 20、60 和 80 的瑞利噪声后的影像，Transformer 模型能够识别出右下角的大尺度目标，但是置信度和定位精度都大幅度地下降，而对于左上角的目标全部漏检；从图 5.20（b）看出，YOLOv5a 对于添加标准差为 20 的瑞利噪声后的影像能够检测出所有沉船目标，但是却虚警了中间和左下角的非沉船目标；从图 5.20（c）看出，DETR-YOLO 模型对于添加标准差 20、60 和 100 瑞利噪声的影像均检测出所有目标，且无论是在检测的置信度还是定位精度上，都明显优于其他两个模型。虽然在标准差为 60 和 100 的瑞利噪声影响下分别虚警了右上角和左下角的目标，但是在真实的实际搜救任务中，虚警的价值要远远高于漏警的价值，这在一定程度上反映了本章提出的 DETR-YOLO 模型能够更好适应海洋的复杂环境，具有更优异的检测性能和泛化能力，鲁棒性强，具有更强的实用性与指导意义。

5.4.3　在航条带图像水下目标实时检测方法评估

为验证在航条带图像水下目标实时检测方法的有效性，开展海上实验。需要强调的是，本次实验采用适配 AUV 平台的实时智能探测模块进行处理，型号为 NVIDIA Jetson AGX Orin，GPU 为 2048-core NVIDIA Ampere architecture GPU with 64 Tensor Cores，CPU 为 12-core Arm® Cortex®-A78AE v8.2 64-bit CPU 3MB L2+6MB L3。

本次实验的任务海区位于舟山群岛南圆山以南区域，根据海图资料显示该海域平均水深约 40m，坐标纬度：30°11′49.776″，经度：122°19′31.696″ 附近存在沉船目标。AUV 海上布放如图 5.21（a）所示，任务航迹线如图 5.21（b）所示，共进行 4 条测线，包括 3 条计划航线和 1 条检查线。

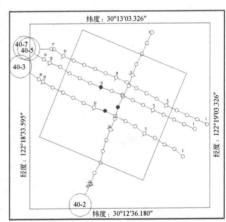

<table>
<tr><td>(a)AUV海上布放图</td><td>(b)舟山海区任务航迹线示意图</td></tr>
</table>

图 5.21　部分任务过程图

实验过程中，AUV 以 20m 定深、3kn 平均航速的方式进行扫测，工作频率为 900kHz，采样频率为 108kHz，单侧量程为 75m，条带横向采样数与图像横向像素点保持一致，为 21600 像素点，采样间隔 0.1s。

$$n = \frac{R_{ac}}{R_{vc}} = \frac{v \cdot T}{L / N} = \frac{3 \times 0.514 \times 0.1}{75 \div 10800} \approx 22 \tag{5.4.1}$$

为尽可能消除横、纵向分辨率之间差异造成的图像失真，根据式（5.4.1）得到降采样倍数 22，通过降采样后得到的横向分辨率约等于 1000。考虑到沉船目标长度一般较大，本章设定的采样高度 d=600，最终压缩后的在航侧扫声呐采样图像尺寸为 600×1000。

为验证本章提出的侧扫声呐在航条带图像实时检测的效果，对侧扫声呐在航条带图像采用 600×600 检测框，相邻检测框 75% 的覆盖率、上下图像逐 10Ping 拼接的策略进行滑动检测，对所有检测框的检测结果在侧扫声呐图像坐标系下采用基于 WFC 策略，删除冗余预测框。下面以其中一条采样带为例，分别对进行降采样和未进行降采样的在航侧扫声呐图像的检测情况进行展示。

从图 5.22（a）可以看出，DETR-YOLO 模型无法检测到原始侧扫声呐图像中的沉船目标，因为沉船在横航迹方向上被过度拉伸，沿航迹方向和横航迹方向的分辨率差异而失去了真实的纵横比，完全丧失了沉船目标的特点。从图 5.22（b）可以看出，降采样后的侧扫声呐图像很好地还原了真实的目标长宽比，并且 DETR-YOLO 模型成功实现了图像中沉船目标的检测，且拥有较高的定位精度，置信度分别达到 84% 和 91%。

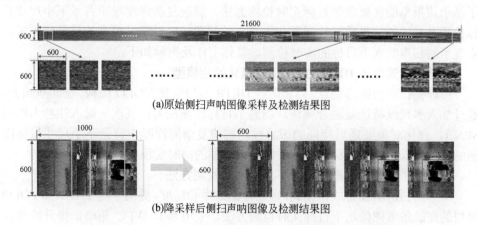

(a)原始侧扫声呐图像采样及检测结果图

(b)降采样后侧扫声呐图像及检测结果图

图 5.22　降采样和未进行降采样的在航侧扫声呐图像的检测情况

为了进一步对在航条带图像实时检测策略进行评估，包括所有沉船目标的检测精度以及检测效率，对沿航迹方向采样生成的所有侧扫声呐图像进行检测。沉船的相对位置是不断变化的，按照上下图像逐 10Ping 拼接，从沉船出现到消失共包含 82 个条带图像，包含 328 张侧扫声呐图像，其中 162 张图像中包含沉船目标。以人工标注结果作为量化指标，IoU 阈值设为 0.5，对 Transformer、YOLOv5a 以及 DETR-YOLO 模型的检测 AP 值以及单张图像的检测时间进行比较,具体见表 5.5。

表 5.5　三种模型在航条带图像实时检测性能对比

模型	AP/%	t/s
Transformer	86.1	0.032
YOLOv5a	90.9	0.051
DETR-YOLO	93.4	0.031

从表 5.5 可知, DETR-YOLO 模型在 162 张沉船图像中检测 AP 值最高,达到了 93.4%,且完成单张 600×600 像素图像的检测需要的时长为 0.031s,满足了实时目标检测的精度以及时效要求,证明本章提出模型以及在航条带图像检测策略的有效性。

5.5　本 章 小 结

针对现有目标检测模型无法满足复杂目标高效、准确检测的同时兼顾 AUV 平台算力限制的问题,本章提出了 DETR-YOLO 轻量化检测模型构建方法,给出了基于该模型的在航条带目标实时检测方法,解决复杂海洋噪声背景下小尺寸目标检测准确性低、重叠目标漏警和虚警高的问题,同时满足模型的轻量化需求,实现了侧扫声呐水下目标的实时检测。具体工作及贡献如下:

1. 提出并建立了 DETR-YOLO 轻量化检测模型

结合侧扫声呐图像特点,创新融合 DETR 与轻量化 YOLO 结构。在此基础上,通过加入多尺度特征复融合模块,提高小目标检测能力;其次,融入注意力机制 SENet,强化对重要通道特征的敏感性,解决复杂海洋噪声背景下小尺寸目标检测的准确性低、重叠目标漏警和虚警高的问题的同时实现模型的轻量化;

2. 提出了在航条带图像的水下目标实时检测方法

考虑侧扫声呐设备成像模式,顾及检测效率和精度,提出了基于 DETR-YOLO 模型的在航条带图像水下目标实时检测方法,采用基于 WFC 策略,提升检测框的定位精度和置信度,给出了水下目标实时检测的时机以及图像输入模型的大小,在保证检测时效性的同时实现了高精度检测;

3. 开展了实验验证

本章提出的 DETR-YOLO 模型权重大小为 19.1M,在沉船数据集上的检测 $AP_{0.5}$ 值达到 84.5%,较 YOLOva 和 Transformer 两个模型分别提高了 2.7% 和 7.2%, $AP_{0.5:0.95}$ 值达到 57.7%,较其他两个模型分别提高了 6.1% 和 13.8%;基于 AUV 适配算力,在舟山海域实现了沉船目标 AP 值 93.4% 的高精度检测,且单张图像检测时间仅 0.031s，满足了 AUV 工程部署对轻量化的要求，证明给出的检测模型及实时检测策略具有良好的效果。

综上，本章技术在模型轻量化与检测精度之间取得较好的平衡，实现了复杂海况下水下小尺度目标"实时检测"，为第 6 章进行目标分割提供了基础。

第 6 章　BHP-Unet 模型建立及水下目标高精度分割

6.1　引　　言

高精度分割模型是高性能探测模型的重要组成，是在第 5 章"实时检测"的基础上进行的目标智能分割，对进一步挖掘信息从而研判目标具有重要的作用。基于水下目标实时探测对智能分割与几何尺寸信息实时提取的需求，而目前尚无有效解决方案的现状，本章开展了高精度分割技术研究，针对水下排列紧密、相互重叠等复杂情况下目标检测存在虚警率和漏警率较高的问题，提出了 BHP-Unet 模型及在航图像几何尺寸提取方法，技术路线及主要工作如图 6.1 所示。

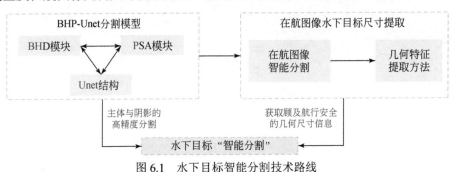

图 6.1　水下目标智能分割技术路线

（1）BHP-Unet 分割模型构建。设计了 BHD 模块，使模型在提升感受野的同时融合深层语义与浅层特征的学习能力；引入 PSA 模块，使模型在处理多尺度空间特征的同时建立全局与局部信息的长期依赖关系，具备全场景理解能力；结合侧扫声呐图像特点，融合了 BHD 模块、PSA 模块与 Unet 模型，提出了 BHP-Unet 模型。

（2）提出了在航图像水下目标几何尺寸提取方法。基于第 5 章目标检测图像，开展在航图像水下目标智能分割，并根据分割结果，在顾及航行安全的前提下，实现在航图像目标的几何尺寸信息提取，为研判目标提供更多维的信息支持。

（3）开展模型对比实验、消融实验以及仿真实验，评估模型分割性能；通过对第五章舟山海上试验的检测图像进行分割，评估在航图像水下目标几何尺寸提取方法的有效性。

　　本章研究旨在目标实时检测结果地基础上，实现复杂情况下的目标高精度分割，并通过进一步的信息挖掘，为最终更好地判定目标提供更全面、多维的信息支撑。

6.2　BHP-Unet 分割模型

　　BHP-Unet 模型结构具体如图 6.2 所示，整体采用 Encoder-Decoder 架构。左半部分编码器通过卷积和池化操作进行多尺度特征提取。其中，采用 4 次 BHD

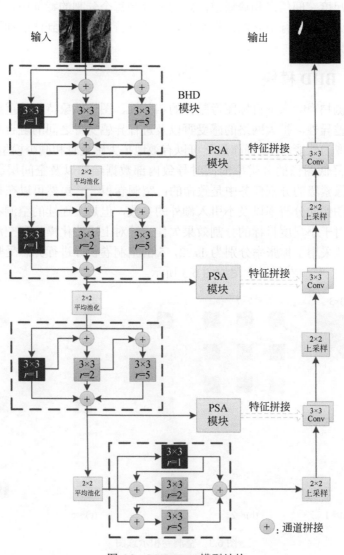

图 6.2　BHP-Unet 模型结构

模块操作以达到扩大感受野的同时保持图像的分辨率和空间层级信息。感受野是影响神经元激活的空间范围，它的大小取决于核大小和网络深度。较大的感受野可以捕获全局上下文，而较小的感受野则专注于局部细节。感受野在不同尺度上的信息整合中起着关键作用；在 BHD 操作后进行 3 次 2×2 的平均池化操作，以达到降低计算和显存的同时获得多尺度特征。

右半部分解码器通过 3 次 2×2 上采样（Upconv）来恢复分辨率并通过特征拼接（Concat）以及卷积操作生成最终的特征图。其中在特征拼接之前引入 PSA 模块，将多尺度空间信息和跨通道注意力整合到每个分割的特征中，使局部和全局通道注意力之间进行更好的信息交互，并通过特征拼接达到浅层和深层语义特征融合的效果。

6.2.1　BHD 模块

考虑到侧扫声呐水下目标图像整体的相关性、图像抽象特征的重要性以及各图像样本的差异性，扩大网络的感受野以及进行异感受野之间的融合有利于提升模型特征提取的性能。池化操作虽然可以有效地扩大感受野和减少模型的复杂度，但是却会在降低图像的分辨率的同时导致内部数据结构以及空间层级化信息丢失，而这在像素级的分割任务中是致命的；空洞卷积[152]虽然可以在扩大感受野的同时保持图像的分辨率以及不引入额外的参数，但是，连续的空洞卷积会造成网格效应，对于小尺度目标的分割效果欠佳。针对上述池化操作和空洞卷积存在的问题，本章采用了扩张率分别为 1，2，5 的空洞卷积并进行异感受野之间融合的 BHD 模块，空洞卷积示意图如图 6.3 所示。

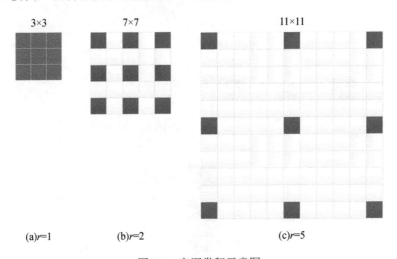

图 6.3　空洞卷积示意图

　　图 6.3（a）表示了一个标准 3×3 卷积核；图 6.3（b）表示扩张率为 2（$r=2$）的空洞卷积，即在标准 3×3 卷积核中填入 r-1 个 0，其感受野相当于 7×7 的卷积核；图 6.3（c）表示扩张率为 5（$r=5$）的空洞卷积，即在标准 3×3 卷积核中填入 4 个 0，其感受野相当于 11×11 的卷积核，扩张后的空洞卷积核大小 K_r 的计算公式如式（6.2.1）所示：

$$K_r = K + (K-1)(r-1) \tag{6.2.1}$$

　　其中，K 为原始卷积核大小；r 为卷积扩张率。

　　空洞卷积的优势在于扩大感受野的同时不引入额外的参数，但是仅仅堆叠扩张率相同的空洞卷积进行卷积操作容易造成网格效应，但是，如果仅仅采用大扩张率的空洞卷积可能只对一些大尺寸目标有分割效果，而对小尺寸目标分割效果欠佳。为此，本章在考虑了网格效应的基础上，首先引入混合空洞卷积，示意图如图 6.4 所示。

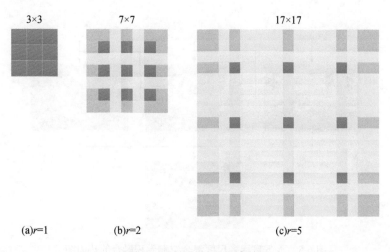

图 6.4　混合空洞卷积感受野

　　图 6.4 显示了使用混合空洞卷积后各层感受野大小的变化以及感受野内各像素的学习情况，其中黄色代表学习了 4 次、蓝色代表学习了 2 次、绿色代表学习了 1 次，红色代表了各层空洞卷积扩张率的大小，各层感受野的计算公式如下：

$$Rf_n = Rf_{n-1} + (K_r - 1)\prod_{i=1}^{n-1} s_i \tag{6.2.2}$$

　　其中，Rf_n 为本层感受野；Rf_{n-1} 为上一层感受野；S_i 为第 i 层卷积步长；K 为卷积核大小。本章中步长为 1，卷积核大小为 3，第 1 层感受野为 3×3，第 2 层感受野为 7×7，第 3 层感受野为 17×17，混合空洞卷积策略不仅在避免网格效应的基础上大幅扩大了感受野，同时可以对感受野中重要部分进行重点学习。

　　一般情况下，分割网络可以识别出一个或者多个响应较高的高特征部分，从而正确的对目标进行分割，但是当存在尺寸较大的目标对象时，传统的卷积核虽然可以获得精确的定位信息，并突出显示目标对象的标志性特征，却会遗漏许多与目标对象相关的区域信息，很难生成全面、完备、密集的目标定位，制约了模型的整体分割效果。因此，本章在混合空洞卷积的基础上，提出了 BHD 融合策略，在多尺度上通过改变卷积核的扩张率来扩大感受野，从而使低响应的目标区域可以通过感知周围的高响应语义获得更好的识别能力，将包含有识别力特征的稀少区域的知识转移到相邻的目标区域，使目标物体的高响应部分的特征信息可以在多尺度上传播到相邻的目标区域，最后，再将不同扩张率下生成的目标识别定位图进行融合，从而产生密集的、准确的目标识别定位，从本质上提升分割模型的识别能力。BHD 融合效果如图 6.5 所示。

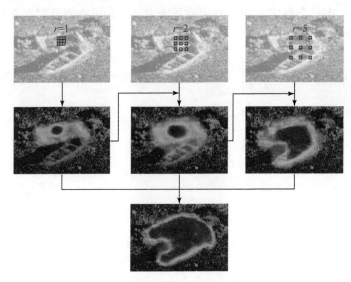

图 6.5　水下目标多尺度混合空洞卷积融合的热力图

如图 6.5 所示，本章通过 3×3 的卷积核在扩张率为 1 的情况下，只定位了沉船目标中心最具识别特性的一小块区域，通过将扩张率从 1 扩大到 2 并融合上一层的知识后，可以感知到沉船目标中心附近的区域。通过进一步扩大扩张率（$r=5$）并进一步融合上层的知识后，沉船目标的周边船舷，轮廓等低响应区域被进一步感知。所以，多尺度混合空洞卷积融合可以在突出学习高响应特征区域的同时，定位学习更多互补的特征区域，从而全面提升模型的分割能力。

然而，从图 6.5 中我们发现，一些非目标特征区域可能在大扩张率下被错误放大（例如 $r=5$ 部分区域），为此，本章提出了抗噪声融合策略来解决这个问题，具体公式如下：

$$L = L_0 + \frac{1}{n_d} \sum\nolimits_{i=1}^{r} L_i \qquad (6.2.3)$$

其中，L 为最终的感知区域；L_0 和 L_i 分别表示采用扩张率为 1 和 i 的空洞卷积时的感知区域，n_d 为空洞卷积次数。从图 6.5 最下面的最终融合图可以看出，抗噪声消火策略有效抑制了扩大感受野接受的与目标特征无关的区域，并且更好地将不同扩张率产生的定位区域融合为一个完整的、突出目标特征区域的定位图。

6.2.2　PSA 模块

传统的注意力机制 SENet[153] 仅考虑了通道注意力，忽略了空间注意力。CBAM[154] 考虑了通道注意力和空间注意力，但仍存在没有捕获不同尺度的空间信息来丰富特征空间以及空间注意力仅仅考虑了局部区域的信息，而无法建立远距离依赖的问题。PyConv[155] 虽然解决了 CBAM 的问题，但存在模型复杂，计算量过大的问题。为此，针对沉船图像不同尺度的特征信息利用效率不高，并且通道注意力只能有效地捕捉局部特征，难以建立全局的长期依赖关系的问题，同时针对上节中引入的 BHD 模块带来的额外计算量，本章引入了轻量级 PSA 模块，具体如图 6.6 所示。

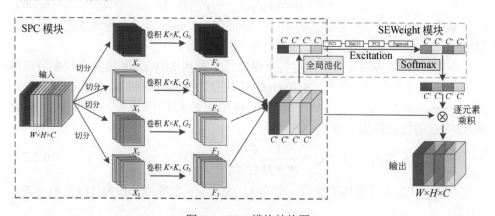

图 6.6　PSA 模块结构图

PSA 模块分为 Split and Concat（SPC）模块、SEWeight 模块、Fscale 三部分组成。具体可以分成如下 4 个步骤进行操作：首先，采用 SPC 模块实现通道的切分，从而得到空间范围内的多层次特征映射。随后，通过 SEWeight 模块，可以在各个尺度上提取通道注意力向量。然后，多尺度的通道注意力向量被 Softmax 激活函数重新校准和分配，产出新的多尺度特征注意力权值。最终，将这些新的权值与原始的特征映射进行点乘从而产生带有多尺度特征注意力加权的结果图。

在 PSA 模块中，通过 SPC 模块实现多尺度特征提取，首先将输入特征图 X 切分为 S 部分，分别为 $[X_0, X_1, \cdots, X_{S-1}]$。对于每个切分的部分，它有 $C'=C/S$ 个公共通道，第 i 个特征图是 $X_i \in R^{C' \times H \times W}$，$i=0,1,2,\cdots,S-1$。在完成切分的操作后，通过并行处理多个尺度的输入张量，提取每个通道特征图上的空间信息，并且可以通过在金字塔结构中使用多尺度卷积核来生成不同的空间分辨率和深度的特征图。SPC 模块切分的目的在于确保多尺度空间信息可以被各切分的部分独立学习，并在局部实现跨通道的连接。另外，引入分组卷积法以处理不同尺度的输入张量，同时不增加额外计算代价，并将其并行应用于卷积核。其中，多尺度卷积核大小与各组大小之间的关系为

$$G = 2^{\frac{K-1}{2}} \quad\quad\quad (6.2.4)$$

其中，K 为卷积核大小，G 为各组大小。

由此可得，多尺度特征图函数为式（6.2.5）所示：

$$F_i = \mathrm{Conv}(K_i \times K_i, G_i)(X_i) \quad i = 0,1,2,\cdots S-1 \quad\quad (6.2.5)$$

其中，$K_i = 2 \times (i+1)+1$，$G_i = 2^{(K_i-1)/2}$，经实验，本章选择的 $i=0,1,2,3$，$F_i \in R^{C' \times H \times W}$ 表示不同尺度的特征图。最后通过拼接的方式得到多尺度融合后的特征图：

$$F = \mathrm{Concat}([F_0, F_1, \cdots, F_{S-1}]) \quad\quad\quad (6.2.6)$$

其中，$F_i \in R^{C' \times H \times W}$ 是得到的多尺度特征图，Concat 表示在通道维度进行特征拼接。

在通过 SPC 模块完成多尺度特征提取后，利用 SEWeight 模块多尺度特征图中提取通道注意力权重信息。SEWeight 模块分为 Squeeze 和 Excitation 两部分，其中 Squeeze 部分通过全局平均池化对相应的特征图进行一维压缩，即将 $W \times H \times C'$ 的特征图压缩成 $1 \times 1 \times C'$：

$$Sq_i = \frac{1}{W \times H} \sum_{j=1}^{W} \sum_{k=1}^{H} u_i(j,k) \quad\quad\quad (6.2.7)$$

式中，$W \times H$ 表示特征图的宽高；$u_i(j,k)$ 表示第 i 个通道位置为 (j,k) 的元素，$i \in C'$；

在 Squeeze 操作获得全局特征后通过 Excitation 操作提取各通道之间的关系：

$$Ex = \sigma(g(z,W)) = \sigma(W_2 \delta(W_1, z)) \quad\quad\quad (6.2.8)$$

Excitation 操作采用 Sigmoid 中的 gating 机制，通过引入全连接层 FC_1，以参数 W_1 将通道降低为原来的 $1/r$，经 ReLU 函数 δ 激活后通过全连接层 FC_2，以参数 W_2 将通道恢复原来通道数，最后经 Sigmoid 函数 σ 生成各通道权重。经实验对比，本章采用的降维比例为 $r=16$。

最后，将生成的权重值经过 Scale 操作加权到对应的特征通道 F_i 中，得到最终的输出 Z_i。

$$Z_i = F_{scale}(u_i) = u_i \times Sq_i \tag{6.2.9}$$

SEWeight 模块的目的是使注意力权重能从多尺度输入特征映射中被有效地提取出来，使得模块能够整合来自不同尺度的相关信息，从而产生更为精细的像素级关注特征映射。另外，可以实现注意力信息的交互，在不破坏原始通道注意力向量的情况下融合跨维度向量。因此，以拼接方式获得整个多尺度通道注意力向量：

$$Z = Z_0 \oplus Z_1 \oplus \cdots \oplus Z_{S-1} \tag{6.2.10}$$

其中，$\oplus$ 是 concat 操作；Z_i 是通过 F_i 得到的注意力权重值；Z 是多尺度注意力权重向量。

为了使各通道自适应选择不同的空间尺度，根据 Z_i 对各通道注意力向量进行再标定：

$$A_i = \text{Soft max}(Z_i) = \frac{\exp(Z_i)}{\sum_{i=0}^{S-1} \exp(Z_i)} \tag{6.2.11}$$

在此中，A_i 为多尺度通道注意力的再校准后权值，它融合了空间的全部位置信息以及通道注意力权重，通过 Softmax 激活函数来获取，从而实现了局部和全局通道注意力之间的交互。然后，将赋予再校准权重后的通道注意力进行融合，从而计算出整体通道注意力权重：

$$A = A_0 \oplus A_1 \oplus \cdots \oplus A_{S-1} \tag{6.2.12}$$

其中，A 表示注意力交互后的多尺度通道权重。然后，我们将多尺度通道注意力 A_i 的重新校准权重与相应尺度 F_i 的特征图相乘为

$$Y_i = F_i \cdot A_i \quad i = 0,1,2,\cdots,S-1 \tag{6.2.13}$$

其中，$\cdot$ 表示通道相乘，Y_i 表示获得多尺度注意力权重进行通道相乘后的特征图。通道相乘可以在不破坏原始特征图信息的情况下保持对整体特征的表示。最后，将得到的新的权重后的特征图 Y_i 进行维度拼接，得到最后的输出结果：

$$\text{Out=Concat}([Y_0, Y_1, \cdots, Y_{S-1}]) \tag{6.2.14}$$

综上，PSA 模块在使用轻量级结构的同时，将多尺度空间信息和跨通道注意力整合到每个分割的特征组中，使局部和全局通道注意力之间进行更好的信息交互，输出具有多尺度、全局性、长期性信息的特征图，从而达到在增加少量计算量的同时提升模型整体分割性能的效果。

6.3　在航图像水下目标几何尺寸提取方法

为充分利用智能探测模型获得的水下目标图像信息，在获取目标图像、类别和坐标信息的基础上，进一步挖掘目标的几何尺寸信息，从而为用户更好地判定

目标属性提供更全面、多维的信息支撑。在实际的作业过程中，模型的分割是基于 DETR-YOLO 模型的在航检测结果开展，几何特征提取是基于在航分割后结果开展。

在侧扫声呐图像中，回波与其产生的阴影位置可以揭示海底物体的状态，具体通过阴影与目标之间的位置关系来确定，示意图见图 6.7。

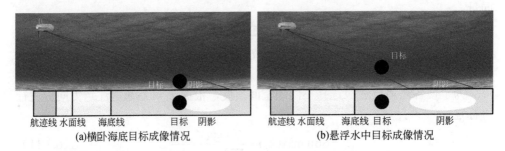

(a)横卧海底目标成像情况 (b)悬浮水中目标成像情况

图 6.7　不同状态水下目标成像情况

在海底地形中，声波遇到目标时返回信号强度的差异可以用来确定目标的有无，同时根据信号返回的时间以及声波传播的速度，可以确定发射位置到目标处的距离以及产生阴影的长度，建立一定的三角关系，即可求得目标的高度。图 6.8 给出目标高度计算时三角关系的示意。

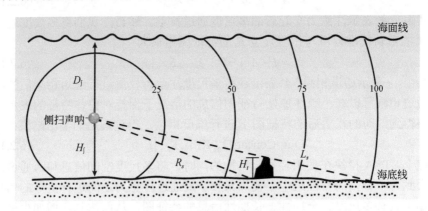

图 6.8　凸起高度计算示意图

H_f 表示 AUV 到海底的距离，D_f 表示 AUV 到海面的距离，H_t 表示凸起高度，R_s 表示 AUV 到凸起目标最高处的距离，L_s 表示阴影的前端到后端的长度。因此 H_t 计算为

$$H_t = \frac{L_s \times H_f}{L_s + R_s} \qquad (6.3.1)$$

同理，凹陷处深度 H_t 的计算公式为

$$H_t = \frac{L_s \times H_f}{R_s} \qquad (6.3.2)$$

图 6.9 为几何特征提取示意图，其中侧扫声呐图像航迹线至海底线之间的距离 H_f 为 AUV 至海底的高度，航迹线至目标之间的距离 R_s 为斜距改正后的水平距离，斜距改正后水下目标的阴影长度为 L_s。

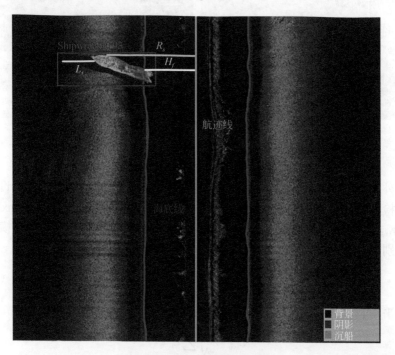

图 6.9　几何特征提取示意图

然而在实际作业过程中，在航条带图像实时检测采用覆盖率 75% 的滑动窗口进行检测，25% 的非重叠区不能保证每一个 600×600 的滑动检测框均包含航迹线或完整的水下目标与目标阴影，如图 6.10 所示。

从图中可以看出，图 6.10（a）未包含完整的沉船目标阴影，$L_{s1} < L_{s2}$，图 6.10（b）未包含航迹线，$H_{f1} > H_{f2}$、$R_{s1} > R_{s2}$。因此，在实际的几何特征计算过程中，以保证最终的正确性，同时考虑到未来的航行安全为原则，对在航条带图像的各个检测框中的 H_f、R_s 和 L_s 取值均选取最大值并持续保留在后续的检测框中，最终均使用 H_{fmax}、R_{smax} 和 L_{smax} 进行几何特征的计算，以确保最终计算的目标高度为最大值，以满足水下目标在海图上取水深最浅点的要求，确保未来的航行安全。

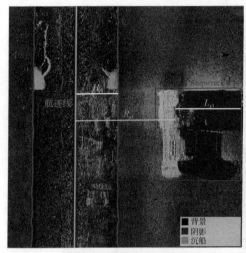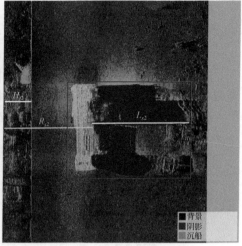

(a)未包含完整目标阴影信息   (b)未包含航迹线

图 6.10   滑动检测分割结果图

另外，目标的长度和宽度均为各个检测图像分割结果的平均值，假设每一在航条带检测到目标的图像数量为 N，第 i 张图像最大行和最小行坐标 MaxRow_i 和 MinRow_i，最大列和最小列坐标为 MaxCol_i 和 MinCol_i，沿航迹分辨率和横向分辨率和分别为 R_{ac} 和 R_{vc}，则每张图像中目标的长度 L_i 和宽度 W_i 为

$$L_i = (\text{MaxRow}_i - \text{MinRow}_i + 1) \times R_{\text{vc}}$$
$$W_i = (\text{MaxCol}_i - \text{MinCol}_i + 1) \times R_{\text{ac}}$$

（6.3.3）

则平均长度 L_{avg} 和宽度 W_{avg} 为

$$L_{\text{avg}} = \frac{1}{N} \sum_{i=1}^{K} L_i$$
$$W_{\text{avg}} = \frac{1}{N} \sum_{i=1}^{K} W_i$$

（6.3.4）

6.4   实验与分析

为验证本章提出 BHP-Unet 模型复杂情况水下目标的分割性能，本节沿用第 5章实验思路，依旧以侧扫声呐沉船水下目标为例，开展实验与分析，包括以下两大部分：第一，同样第 4、5 章使用的沉船数据对 BHP-Unet 模型进行训练与评估，包括与经典、主流的分割网络模型 FCN、Unet 以及 Deeplabv3+模型进行对比实验、消融实验以及仿真实验；第二，同样采用 5.4.3 节舟山某海域实测数据，在上章 DETR-YOLO 检测的基础上对 BHP-Unet 模型的分割精度、目标主体与阴影的区

分后的几何特征提取进行验证和分析。

6.4.1　数据准备与预处理

本章的实验数据集依旧沿用第 4、5 章的沉船数据集,采用相同的样本扩增操作,最终共计 5000 张。利用开源软件 Labelme 对图片中的沉船目标进行人工标注,使用多边形框选沉船目标,Labelme 标注的主界面如图 6.11(a)所示,生成的标注信息自动保存到 JSON File 格式文件中,如图 6.11(b)所示,最后再将 JSON File 格式文件转换为模型可读 JPG 格式。

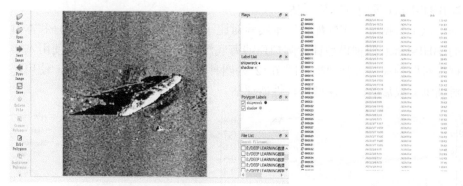

(a)Labelme标注的主界面　　　　　　(b)标注后生成的JSON File格式文件

图 6.11　沉船目标分割标注过程图

6.4.2　BHP-Unet 模型性能评估

首先,将 BHP-Unet 模型与经典、主流的分割网络模型 FCN、Unet 以及 Deeplabv3+模型进行对比实验,并选取舟山某海域实测海底沉船数据进行分割性能评估;其次,设计了消融实验以验证 BHP-Unet 中 BHD 模块以及 PSA 模块的有效性;最后,模拟海底复杂情况设计了仿真实验,以进一步检验 BHP-Unet 模型的分割性能。

6.4.2.1　模型训练与评估

1. 实验配置

模型训练基于 Pytorch 框架用 Python 语言实现,实验环境:Windows10 操作系统;CPU 为 Intel(R) Core(TM) i9-10900X@3.70GHz;GPU 为 2 块 NVIDIA GeForce RTX 3090,并行内存48GB。

为在保证模型训练效果的同时提升训练效率,本实验将数据集中训练集和测试集按照 8∶2 划分,并采用十折交叉验证策略进行模型训练,在十折交叉验证中,数据集被划分为十个相等的子集，其中九个用于训练，一个用于评估。通过采用十折交叉验证，考虑了不同的训练和验证集组合，减少了数据集选择引入的偏差，获得更稳定和可靠的模型性能评估结果。同时，通过网格搜索，探索了多种超参数的组合，并根据验证集的评估结果选择最佳组合，从而进一步提高模型的性能和泛化能力；训练的初始学习率设置为 0.0001，并在开始训练前进行步长为 5 的 warm-up 训练，目的是使模型训练趋于稳定，加速模型的收敛；同时采用 Adam 算法进行步长退火，实现学习率的自适应调整；训练步数设置为 1200 步，并根据计算机配置设置 batch size 为 32。

2. BHP-Unet 模型训练与评估

基于以上数据集和实验配置，本实验对比了 FCN、Unet、Deeplabv3+和本章提出的 BHP-Unet 四种模型针对侧扫声呐海底沉船的分割性能。首先，使用本实验数据集对四种模型进行训练（图 6.12 为四种模型的训练情况）；其次，使用评估集对训练完成后的四种模型进行性能评估。

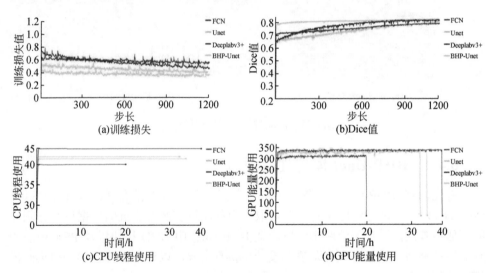

图 6.12　四种模型训练过程对比

BHP-Unet 模型的目标是最小化预测结果与真实结果之间的差异，以优化模型的参数。通过反向传播算法，模型的参数根据损失函数的梯度信息进行更新，使模型能够更准确地预测二分类标签。BHP-Unet 模型使用二分类交叉熵损失函数进行训练和测试，该损失函数由以下公式定义：

$$L(y, \hat{y}) = -\frac{1}{N} \sum_{i=1}^{N} (y_i \log(\hat{y}_i) + (1 - y_i) \log(1 - \hat{y}_i)) \tag{6.4.1}$$

其中，y 表示真实的二元标签；$\hat{y}$ 表示模型的预测输出；N 是样本数量。二分类交叉熵损失函数通过比较预测值 $\hat{y}_i$ 和真实值 y_i 之间的差异来量化模型的性能。当 y_i 为 1 时，损失函数的第一项 $-y_i \log(\hat{y}_i)$ 生效，而当 y 为 0 时，损失函数的第二项 $-(1-y_i)\log(1-\hat{y}_i)$ 生效。

本实验使用 Dice 值作为模型分割性能的评价指标，用于计算两个样本的相似度：

$$\text{Dice} = \frac{2 \times \text{Precision} \times \text{Recall}}{\text{Precision} + \text{Recall}} = \frac{2TP}{2TP + FP + FN} = \frac{2|X \cap Y|}{|X| + |Y|} \qquad (6.4.2)$$

不同于目标检测，此处 IoU 指预测分割区域与真实分割区域的交集面积与并集面积之比，计算公式如下：

$$\text{IoU} = \frac{TP}{TP + FP + FN} = \frac{|X \cap Y|}{|X \cup Y|} \qquad (6.4.3)$$

其中，Precision 表示像素识别为正样本中实际为正样本的概率，衡量结果的精确性；Recall 表示正样本中识别为正样本的概率，衡量结果的完整性；TP 表示正确识别的正样本，FP 表示错误识别的正样本，TN 表示正确识别的负样本，FN 表示错误识别的负样本；$|X|$ 表示目标的真实像素点；$|Y|$，表示模型预测的分割像素。

从图 6.12（a）可以看出，四种模型的训练损失值均随着训练步数的增加而减小，最终趋于稳定并达到收敛。其中 FCN 模型损失值最高；Deeplabv3+模型因模型参数最多，结构最为复杂，导致初始损失值最大，收敛速度变慢，训练时间变长，虽然随着训练步数的增加降幅也是较大，但是在 700 步后出现多次较大幅度的波动，存在一定不稳定性；本章提出的 BHP-Unet 模型训练损失值最低，较传统的 Unet 模型降低了约 0.1，且训练过程中震荡幅度最小，在迭代 600 步以后便趋于拟合，训练效率较高。

从图 6.12（b）可以看出，BHP-Unet 模型的 Dice 值最高，且最终趋于稳定，模型达到拟合状态，训练效率很高；Deeplabv3+模型 Dice 值最终达到 0.8134，仅略低于 BHP-Unet 模型的 0.8205，但是模型的训练效率较低，且存在一定的震荡，未达到拟合的状态；

从图 6.12(c)(d)可以看出，BHP-Unet 模型在融合 BHD Module 和 PSA Module 的情况下训练时间较 Unet 延长了仅仅约 10 分钟，但是在 CPU 使用线程及 GPU 能量使用上几乎和 Unet 保持一致；而 Deeplabv3+模型由于模型结构最为复杂，因此，该模型训练时间最长，且消耗的硬件资源最大。

综上，本章提出的 BHP-Unet 模型相较于传统的 Unet 及 FCN 模型，在牺牲了一定的训练时间以及硬件资源的基础上，无论是模型训练损失值、拟合效率还是分割的性能，均得到了较大的提升；相较于模型最为复杂的 Deeplabv3+模型，在保证训练时间、效率和硬件资源的前提下，分割的性能超越了 Deeplabv3+模型。

为评估训练完成后模型的分割性能，将 FCN、Unet、Deeplabv3+和本章提出的 BHP-Unet 模型分别在测试集上进行检测，并以 Dice 值、IoU 以及 FPS 作为量化指标，评估模型分割的准确度和效率。其中，以 FPS 评估模型分割的效率，FPS 代表使用 2 块 NVIDIA GeForce RTX 3090 每秒分割 300×300 分辨率的图像的数量；以生成模型的 Weights 大小作为未来模型工程化的评估依据，四种模型具体的分割量化结果如表 6.1 所示。

表 6.1　四种模型在测试集分割结果对比

模型	Dice/%	IoU/%	FPS	Weights/MB
FCN	0.5214	0.5897	302	46.7
Unet	0.6926	0.7147	126	65.9
Deeplabv3+	0.7680	0.7520	88	101.6
BHP-Unet	**0.7831**	**0.7771**	121	73.2

从表 6.1 可知，BHP-Unet 模型在 Dice 值以及 IoU 上高于其他三个模型，Dice 值达到 78.31%，较其他三个模型（FCN、Unet 和 Deeplabv3+）分别提高了 26.17%、9.05%和 1.51%，IoU 达到 77.71%，较其他三个模型分别提高了 18.74%、6.24%和 2.51%，说明 BHP-Unet 模型具有最佳的分割性能；Deeplabv3+模型虽然结构以及参数最为复杂，但是分割的性能却不如 BHP-Unet 模型，且模型权重远高于其他三个模型，FPS 远低于其他三个模型，不利于轻量化、工程化应用；而 BHP-Unet 模型由于增加了 BHD 和 PSA 模块，因此模型复杂程度的增加势必造成模型在 FPS 以及权重上逊色于 FCN 以及 Unet 模型，但是以少量分割速度的牺牲和模型权重增加为代价换来的分割性能的大幅度提升是极具性价比的，同时，Unet 模型减少的少量 FPS 和增加的少量权重对模型轻量化和工程部署不会带来实质性影响。

为进一步评估四种模型的分割性能，本实验使用舟山海域实测侧扫声呐海底沉船图像（与 5.3.3 节舟山实测数据非同一数据集）用于四种模型分割性能的评估，分别选取了不同扫测方位与离底距离的侧扫沉船目标图像，其中图 6.13（a）中上方图像为航向北偏东 150°，离底 15m，左舷获得的目标图像，下方图像为航向北偏西 30°，离底 30m，右舷获得的目标图像，四种模型的分割结果如图 6.12 所示。

从图 6.13（c）可以看出，FCN 模型仅能分割出目标的基本位置，但是却将沉船目标周围的阴影区域错误进行了分割，漏警率较高；从图 6.13（d）可以看出，Unet 模型基本可以分割出沉船目标，但是在分割准确度和位置精度上均不如 BHP-Unet 模型；从图 6.13（e）可以看出，Deeplabv3+模型的分割效果明显好于 Unet 和 FCN，但是依旧存在漏警的情况。总体来看 BHP-Unet 模型整体的分割效果和标注图最为接近，分割的效果最好，虽然轮廓的细节较标注图还有待加强，但是相较于 FCN、Unet 和 Deeplabv3+模型，BHP-Unet 模型的细节分割效果最好，分割区域最为准确。

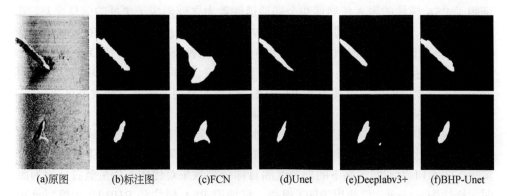

| (a)原图 | (b)标注图 | (c)FCN | (d)Unet | (e)Deeplabv3+ | (f)BHP-Unet |

图 6.13　四种模型检测结果对比图

综上，本章提出的 BHP-Unet 模型在融入 BHD 模块和 PSA 模块后，虽然牺牲了有限的训练时间和模型权重，但是却在四个模型中获得最好的侧扫声呐海底沉船目标分割性能。

6.4.2.2　消融实验与评估

为进一步分析 BHP-Unet 模型性能提升的原因，验证 BHD 模块和 PSA 模块的有效性，本实验设计了消融实验，实验的超参数设置和上述实验一致。同样以 Dice 值和 IoU 为评估指标，采用控制变量法对比分析各个模块对模型分割性能的影响，实验结果如表 6.2 所示。其中，组 1 代表没有使用 BHD 模块和 PSA 模块的模型；组 2 代表仅使用 BHD 模块的模型；组 3 代表仅使用 PSA 模块的模型；组 4 代表使用 BHD 模块和 PSA 模块的模型，即本章提出的模型。

表 6.2　不同模块的分割效果对比

组别	BHD 模块	PSA 模块	Dice/%	IoU/%
1	—	—	0.6926	0.7147
2	√	—	0.7464	0.7331
3	—	√	0.7255	0.7598
4	√	√	**0.7831**	**0.7771**

对比组别 1 与组别 2 可知，BHD 模块的融入使模型 Dice 值和 IoU 均得到了提升，其中 Dice 值增幅最大，提升了 5.38%，证明 BHD 模块的融入使模型可以

在扩大感受的同时进行特征的多尺度融合，突出学习高响应特征区域并学习更多互补的特征区域，从而提升模型的分割准确度；对比组别 1 和组别 3 可知，PSA 模块的融入同样使模型的 Dice 值和 IoU 均得到了提升，其中 IoU 提升了 4.51%，证明了 PSA 模块的融入使局部和全局通道注意力之间形成了更好的信息交互，并建立多尺度、全局性、长期性的联系，从而在更好地进行特征捕获的同时实现准确的定位输出；通过对比组别 1 和组别 4 可知，两种模块的结合使 Dice 值提升了9.05%，IoU 提升了 6.24%；对比组别 4 和组别 2、3 可知，两种模块的结合使用要优于单一模块的使用，其中 BHD 模块对模型的分割准确度提升效果更加明显，PSA 模块对模型的分割定位精度提升效果更加明显。

为进一步验证模型在复杂情况下的水下目标分割性能以及各个模块在模型中的作用和贡献，选取了排列紧密、相互重叠等不同复杂情况下的水下目标图进行实验，图 6.14 为不同策略下的部分沉船目标分割效果对比图，从左至右分别为原图、标注图、Unet、仅使用 BHD 模块、仅使用 PSA 模块和 BHP-Unet 模型分割效果图。5 组侧扫声呐水下目标图像均为排列紧密、相互重叠以及残骸杂乱的复

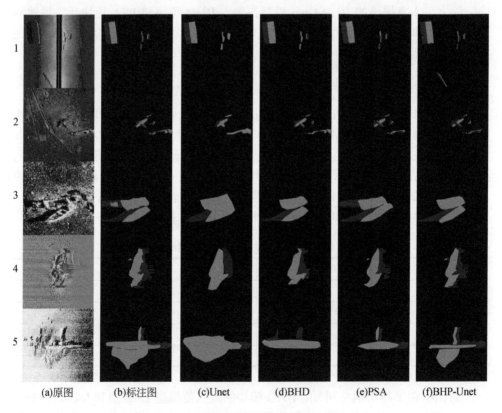

(a)原图　　(b)标注图　　(c)Unet　　(d)BHD　　(e)PSA　　(f)BHP-Unet

图 6.14　四种模型分割结果对比图

杂情况，绿色部分代表水下目标，红色部分代表目标阴影部分。从总的水下目标分割结果来看，Unet 模型基本完成了目标的分割，但是在细节方面有待提高，尤其是无法很好地区分排列紧密和相互重叠的目标，在目标阴影的分割上也是效果不佳；增加 BHD 模块的模型相较 Unet 模型拥有更加精确的分割精度，尤其是很好地区分了沉船目标和目标阴影；增加了 PSA 模块的模型在分割的精度上得到了明显的提高；而本章提出的模型，即融合了 BHD 模块和 PSA 模块的 BHP-Unet 模型相较其他模型无论是在精度还是定位上均得到了明显的提高，拥有更好的分割性能。

以组别 1 为例，从图 6.14（c）可以看出 Unet 模型基本完成了分割任务，只是未能很好地区分上下两个紧密排列的沉船目标，误将两个目标分割成一个目标，另外，Unet 模型仅仅分割出左边的长方形沉船目标的阴影，其他目标的阴影特征均没有分割完成；从图 6.14（d）可以看出，增加了 BHD 模块的模型相较 Unet 模型拥有更高的分割精度和定位精度，成功地区分右边沉船目标及其阴影部分；从图 6.14（e）可以看出，增加了 PSA 模块的模型成功区分了图像中间部分上下两个紧密排列的沉船目标，同时分割的区域更加贴合实际的目标区域，较 Unet 模型拥有更好的定位精度；而融合了 BHD 和 PSA 模块的 BHP-Unet 模型结合了两个模块的优势，虽然虚警了下方海底管线目标，但是相比较图 6.14（c）、（d）、（e），很好地区分了紧密排列的沉船目标的同时拥有更加准确的定位精度，并且很好地分割出所有目标的阴影特征，在分割准确度和分割的定位精度上均得到了提升。

6.4.2.3　仿真实验与评估

由于海水中存在各种环境噪声，且水声信号具有时变性和空变形，因此不同的海况以及海洋环境会对声呐图像造成不同程度的干扰。为了进一步评估模型在更为复杂的海洋环境下的分割性能，本实验设计了复杂海况下的仿真实验。

由于斑点噪声是影响侧扫声呐图像质量的主要因素，因此本实验对舟山实测的沉船图像添加期望为 0，标准差为 60 的瑞利噪声，其中图 6.15（a）中上方图像为航向正北，离底 10m，右舷获得的图像，下方图像为航向北偏西 30°，离底 40m，右舷获得的图像。三种模型的分割效果对比如图 6.15 所示，从左至右分别为 Unet、Deeplabv3+和 BHP-Unet 模型，其中 FCN 由于前面的实验分割效果不佳，因此未列入仿真实验。

从图 6.15 可以看出，对于增加噪声后的侧扫声呐沉船图像，三种模型都能分割出目标，不存在漏警的情况，但是无论是准确度还是定位精度都有待加强。从图 6.15（c）可以看出，Unet 模型对于上方图像的分割结果明显不如其他两种模型。对于下方的图像分割结果中出现了虚警的情况；从图 6.15（d）可以看出，Deeplabv3+模型的分割效果明显好于 Unet，但是在下方图像的分割中，将单一沉船目标分割成了两个目标；从图 6.15（e）可以看出，本章提出的 BHP-Unet 模型分割图虽然较标注图还有一定的差距，但是分割效果要明显优于 Unet 和 Deeplabv3+模型，这在一定程度上反映了本章提出的 BHP-Unet 模型能够更好适应海洋的复杂环境，具有更优异的分割性能和泛化能力，具有更强的实用性与指导意义。

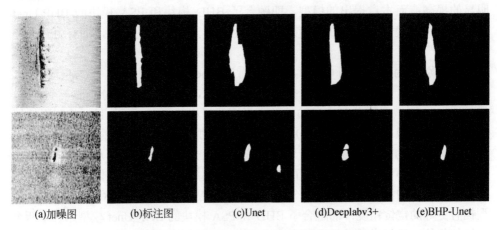

　　(a)加噪图　　　　　(b)标注图　　　　　(c)Unet　　　　　(d)Deeplabv3+　　　　(e)BHP-Unet

图 6.15　三种模型加噪目标分割结果对比图

6.4.3　在航图像水下目标几何尺寸提取方法评估

　　为评估基于 DETR-YOLO 模型检测后目标的分割效果及几何尺寸提取情况，本节以 5.4.3 节中舟山海上试验数据为研究对象，采用与 5.4.3 节相同的适配 AUV 平台的实时智能探测模块，对 DETR-YOLO 模型检测的侧扫声呐水下目标图像进行基于 BHP-Unet 模型的分割与几何特征提取。

　　其中对 5.4.3 节检测的 162 张沉船图像进行分割，并以人工标注结果作为真实像素点进行定量评估，最终基于 BHP-Unet 模型分割的 Dice 值达到 76.27%，IoU 值达到 80.63%，单张图像耗时 0.16s。以图 5.22 中在航条带图像中滑动检测框检测到沉船目标图像为例，沉船目标的分割和几何尺寸提取结果如图 6.16 所示。

　　从图 6.16（a）可以看出，航迹线至海底线（AUV 至海底）高度为 18.69m，航迹线至目标的斜距改正距离为 43.39m，斜距改正后目标的阴影长度为 28.70m；图 6.16（b）为未包含航迹线的检测图，"航迹线"至海底线高度为 11.35m，"航迹线"至目标的斜距改正距离为 39.68m，斜距改正后目标的阴影长度为 37.01m。对比图 6.16（a）和（b），图 6.16（a）未包含完整目标阴影图像，图 6.16（b）中未包含航迹线和完整的航迹线至目标信息，根据 6.2.2 节几何特征提取方法，选取最大值作为计算数值，其中航迹线至海底线（AUV 至海底）高度为 18.69m，航迹线至目标的斜距改正距离为 43.39m，斜距改正后目标的阴影长度为 37.01m。根据式（6.3.1）、（6.3.4）计算得到沉船高度为 15.94m，平均长度为 29.62m，平均宽度为 8.6m，虽然该值的正确性无法考证，但是与海图上碍航物标志吻合。

(a)未包含目标完整阴影信息　　　　　　　　　(b)未包含航迹线

图 6.16　在航条带图像分割与几何尺寸提取图

6.5　本　章　小　结

针对现有分割模型无法实现复杂情况下目标的高精度分割与多维度关键信息提取的问题，本章提出了 BHP-Unet 水下目标分割模型，并基于该模型给出了在航图像目标几何特征提取方法，实现了基于 AUV 平台算力的水下排列紧密、相互重叠等复杂情况下目标的高精度分割。具体工作及贡献如下：

1. 提出并建立了 BHP-Unet 高精度分割模型

设计了 BHD 模块，在提升感受野的同时进行特征的多尺度融合，突出学习高响应特征区域并学习更多互补的特征区域，从而提升模型的分割准确度；引入了 PSA 模块，使局部和全局通道注意力之间形成了更好的信息交互，并建立多尺度、全局性、长期性的联系，从而在更好地进行特征捕获的同时实现准确的定位输出；结合侧扫声呐图像特征，创新融合了 BHD 模块、PSA 模块与 Unet 模型，提出了 BHP-Unet 模型，提升了复杂情况下水下目标的分割性能；

2. 给出了在航图像水下目标几何尺寸提取方法

在分割模型分割结果的基础上，根据在航图像水下目标分割阴影进一步挖掘目标的几何尺寸信息，为最终更好地判定目标属性提供更全面、多维的信息支撑；

3. 开展了实验验证

在自制的侧扫声呐沉船数据集上，与 FCN、Unet 以及 Deeplabv3+模型进行对比实验，结果表明，BHP-Unet 模型在牺牲一定训练效率和权重的情况下，在测试集中 Dice 值以及 IoU 均达到最高，分别为 78.31%，IoU 达到 77.71%，且在舟山某海域实测的侧扫声呐沉船图像上拥有最优的分割效果；选取了排列紧密、相互重叠等复杂侧扫声呐水下目标图像，设计了消融实验以验证 BHD 模块以及 PSA 模块的有效性，结果表明，BHD 模块的融入使模型 Dice 值提升了 5.38%，PSA 模块的融入使 IoU 提升了 4.51%，两个模块的结合使 Dice 值提升了 9.05%，IoU 提升了 6.24%，实现了排列紧密、相互重叠等多目标的复杂情况下的高性能分割；基于 AUV 适配算力，对 DETR-YOLO 模型在航图像检测结果进行目标分割与几何尺寸信息提取，结果表明分割 Dice 值达到 76.27%，IoU 达到 80.63%，单图像耗时仅需 0.16s，提取的沉船目标几何尺寸信息与海图上碍航物信息几乎一致，证明了方法的有效性。

综上，BHP-Unet 模型能够更好适应海洋的复杂环境，具有更优异的分割性能和泛化能力，实现了复杂情况下"高性能分割"，完成了基于检测图像分割后目标的进一步信息挖掘，为更好地研判目标提供更全面、多维的信息支撑。

第7章 某海域基于AUV的侧扫声呐水下目标实时智能探测应用

7.1 引　言

技术落地和实际化应用是本文研究的最终目的。为全面验证全书研究技术的可行性和实用性，本章开展了某海域基于 AUV 的侧扫声呐水下目标探测应用。主要工作如下：

（1）搭建了基于 AUV 的侧扫声呐水下目标实时智能探测系统，明确了各组成部分的具体型号及参数，并工程化集成第 2～6 章关键技术。

（2）遵循第 2 章提出的探测机制，包括作业原则和"远场粗探，近场精探"的探测策略，设计了具体的水下目标实时智能探测作业流程。

（3）在此基础上，开展某海域基于 AUV 的侧扫声呐水下目标实时智能探测应用，并对结果进行评估与分析。

本章旨在构建基于 AUV 的侧扫声呐水下目实时智能探测系统，在探测机制的牵引下，集成前文研究的关键技术，实现某海域 AUV 搭载侧扫声呐进行水下目标实时智能探测，打通本文技术研究的工程化落地与实际化应用的"最后一公里"。

7.2 探　测　系　统

为系统评估本文提出的基于 AUV 的侧扫声呐水下目标实时智能探测技术的有效性，真正实现基于 AUV 的侧扫声呐水下目标实时智能探测研究的工程化落地和实际应用，本章选择未知详细海底地形的海域进行实践应用。首先，根据第 2 章研究内容确定系统的硬件组成；其次，工程化落地 3～6 章的关键技术，形成"数据实时处理与高分辨率成图软件"与"水下目标检测分割组合实时探测软件"并与硬件进行系统集成；最后，使用基于 AUV 的侧扫声呐水下目标实时智能探测系统针对某海域，进行水下目标探测任务，并对任务结果进行系统的评估与分析。

7.2.1 硬件组成

（1）AUV 平台：本文使用的 AUV 长 4.65m，直径 0.39m，空气重量 475kg，最大航速 12kn，5kn 航速下续航不少于 100km，最大工作深度不小于 2000m，如图 7.1 所示，各项参数如表 7.1 所示。

表 7.1　AUV 平台参数

序号	指标项	技术指标
1	外形尺寸	直径=0.39m，长=4.65m
2	空气重量	475kg
3	最大工作深度	不小于 2000m
4	最大航速	12kn
5	布放回收海况	≤5 级
6	续航能力	≥1000km（2kn 速度巡航）+200km 载荷作业
7	导航精度	自主导航精度优于 0.5%D（CEP）后处理精度优于 0.3%D
8	导航系统校准源	GNSS（GPS/北斗）
9	上浮后示位距离	≥1km（无线电通讯）
10	搭载设备	侧扫声呐
11	辅助功能	水声通讯

图 7.1　AUV 平台

（2）嵌入式侧扫声呐系统：本系统搭载的侧扫声呐型号为嵌入式 ES4590 型，拥有 450kHz 和 900kHz 两个频率，对应的单侧量程分别为 150m 和 75m，工作时功耗不超过 30W，如图 7.2 所示。

图 7.2　嵌入式侧扫声呐

针对 AUV 搭载设备体积小、重量轻、功耗低、性能高、兼容强等特殊要求，在充分分析 AUV 集成应用的特殊环境和性能需求后，ES4590 的主要技术指标如表 7.2 所示。

表 7.2　ES4590 型嵌入式侧扫声呐的主要技术指标

序号	指标项	技术指标	
1	频率	450kHz/900kHz 双频	
2	最大量程	150m（450kHz）；	
3		75m（900kHz）；	
4	水平波束宽度	0.2°	
5	垂直波束宽度	50°	
6	沿航迹向分辨率	450kHz	900kHz
		0.17m@50m；	0.07m@20m；
		0.34m@100m；	0.17m@50m；
		0.51m@150m；	0.26m@75m；
7	垂直航迹向分辨率	2cm（450kHz）	
		1cm（900kHz）；	
8	安装角度	水平向下倾斜 15°～20°	
9	供电	DC10～32V	
10	功耗	不大于 30W	
11	工作深度	耐压 1000m（换能器）	

（3）实时智能探测模块选用 NVIDIA Jetson AGX Orin，具体如图 7.3 所示。

图 7.3　实时智能探测模块

硬件环境为 Windows 操作系统，GPU 为 2048-core NVIDIA Ampere architecture GPU with 64 Tensor Cores，CPU 为 12-core Arm® Cortex®-A78AE v8.2 64-bit CPU 3MB L2+6MB L3，具体参数如表 7.3 所示。

表 7.3　NVIDIA Jetson AGX Orin 具体参数

序号	指标项	技术指标				
1	GPU	2048-core NVIDIA Ampere architecture GPU with 64 Tensor Cores				
2	CPU	12-core Arm® Cortex®-A78AE v8.2 64-bit CPU 3MB L2+6MB L3 1.5MB L2+4MB L3				
3	显存	RAM：32GB LPDDR5				
4	存储	64GB eMMC 5.1				
5	接口	CANFD×5	GMSL×12	USB3.0×1	M.2 M 2280×1	M.2 E for 5G×1
		USBWIFI×1	Debug×1	USB2.0×1	HDMI×1	千兆 ETH×1
6	算力	275 Tops				
7	供电	15-36Vdc				
8	功耗	15-60w				
9	尺寸	110mm* 110mm*71.65mm				
10	环境	工作温度		−25℃～80℃		
		储存温度		−40℃～80℃		
		湿度		5%～95%@ 40℃,不凝结		

（4）水声通信系统：本系统中水声通信使用的设备型号为 EvoLogics S2CR，理想情况下最大通信距离为3500m,通信频率为18～34kHz,传输速率为12.5～14.5kb/s,如图 7.4 所示。

图 7.4　水声通信设备

（5）导航系统：本系统使用的 DVL 为 300kHz 的 DVL II 型，工作频率为 300kHz，标定的有效波束长度为 300m，该参数与海洋环境、海底底质均有关系，如图 7.5。INS 型号为 GC25-7A 三轴光纤陀螺捷联惯性导航系统，其与 DVL 的组合导航系统精度为量程的 0.5%。

图 7.5　DVL 设备

7.2.2　软件组成

为了实现关键技术的工程化落地，开发了两个软件，分别为"侧扫声呐数据实时处理及高分辨率成图软件"和"水下目标检测分割组合实时探测软件"并与

AUV 进行集成。

软件均采用 C#和 C++混合编程，界面 UI 采用 c# winform 实现，算法采用 C++ 动态库封装；支持 S57 导入及三种图式切换（传统图式、S52 图式和海图图式）；显示及成果输出支持 Gdal、netDxf、sharpGL、sharpDX、GMap 等主流开源库。

1. 数据实时处理及高分辨率成图软件

"侧扫声呐数据实时处理及高分辨率成图"软件是第 3 章侧扫声呐在航条带数据实时处理及高质量成图的关键技术实现。软件部分截图如图 7.6 所示。

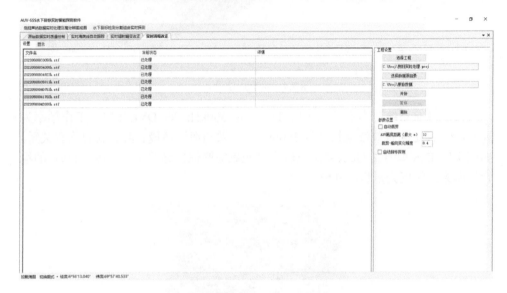

图 7.6 侧扫声呐数据实时处理及高分辨率成图软件

此软件工具的主要功能包括：数据解码与转换、原始数据实时质量控制、海底线自动跟踪、辐射畸变实时改正、条带图像的实时消噪以及实时地理坐标系下成图。目标是为智能探测软件提供实时的高质量的数据输入，通过实现实时的高质量成图，优化侧扫声呐数据的处理流程，满足水下目标图像的在航获取以及目标的实时探测需求。

2. 检测分割组合实时探测软件

"水下目标检测分割组合实时探测"软件是第 4、5、6 章的高性能水下目标实时智能探测模型的关键技术实现。软件部分截图如图 7.7 所示。

此软件集成了经过基于真实映射关系样本扩增数据（第 4 章）训练后的 DETR-YOLO 检测模型（第 5 章）和 BHP-Unet 分割模型（第 6 章），主要功能包括：在航条带侧扫声呐水下目标实时检测；基于检测图像的高精度分割以及目标的几何尺寸信息提取。

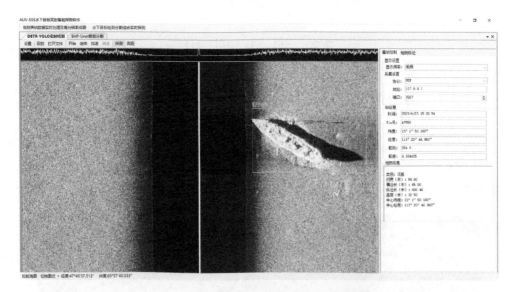

图 7.7　水下目标检测分割组合实时探测软件

其中模型训练的数据集沿用第 4 章的数据集（具体见 4.4.1.1 和 4.4.2.1），由沉船数据集和水雷数据集两部分组成。其中，沉船数据集由 600 张实测侧扫声呐图像以及 5000 张 GAN 样本扩增图像组成；水雷数据集由 50 张实测侧扫声呐水雷图像以及 400 张 GAN 样本扩增图像组成。部分数据集图像如图 7.8 所示。

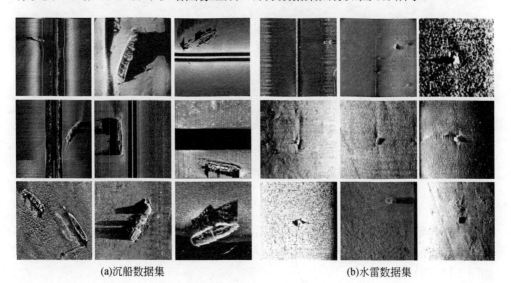

(a)沉船数据集　　　　　　　　　　　　　　(b)水雷数据集

图 7.8　部分数据集

7.3　海上应用

7.3.1　海域情况

本次试验区域平均水深在 250m 左右，作业期间海况 2 级，浪高 0.5m 以下，风力 2 级左右，海水流速 0.5m/s，整体适合 AUV 作业。

水下目标探测计划测线布设如图 7.9 所示，图中锚点为母船抛锚与布放 AUV 的位置，红点所在区域为任务区域。

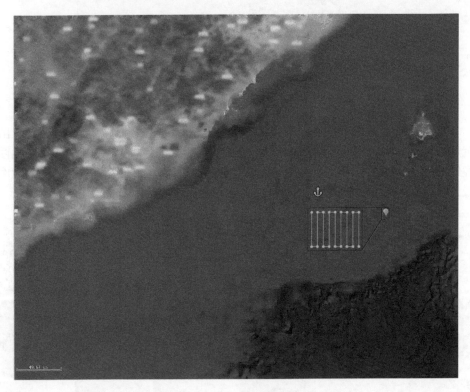

图 7.9　任务区计划测线示意图

任务开始前投放两个 3D 打印的水雷模型，一个为直径 2m 的球形，另一个为长 1m，直径 0.4m 的鱼雷形，水雷模型布放如图 7.10（a）所示，AUV 布放回收如图 7.10（b）所示。

(a)水雷模型布放　　　　　　　　　　(b)AUV布放回收

图 7.10　部分海上布放图

7.3.2　作业流程

本节在第 2 章提出的探测机制的牵引下,整合关键技术,开展某海域基于 AUV 的侧扫声呐水下目标实时智能探测,具体全作业流程如图 7.11。

1. 设备校验与健康检查

在进行水下目标探测作业前,首要步骤是对设备进行校验与健康检查。涵盖了从硬件设备的外观和连接线的检查,设备自检,设备校验以及系统整体测试。这一过程旨在确认所有设备,如侧扫声呐、DVL、姿态传感器等,以及整体系统的正常运行,确保作业过程的顺利进行,并且确保获取到的数据的质量。设备校验与健康检查完成后,接下来可以进行水下地形预估。

2. 环境条件和水下地形预估

环境条件和水下地形预估是实现 AUV 侧扫声呐水下目标实时智能探测的先决步骤。出海作业之前,搜集了任务区的公开水深资料并对该区域海底地形进行了分析。收集的资料有:GEBCO 的 500m×500m 格网的海底地形数据;1:100 万的航海用图;Windy 网站发布的海况、涌浪、潮流等水文信息。

因为搜集参考的海图比例尺较小,图载的水深数据时间较早,因此海图资料仅作为任务规划的辅助资料。考虑到未知海域的测区地形可能起伏较大,给试验作业带来风险和挑战,因此采用 AUV 搭载多波束测深系统进行水面预扫测的地形

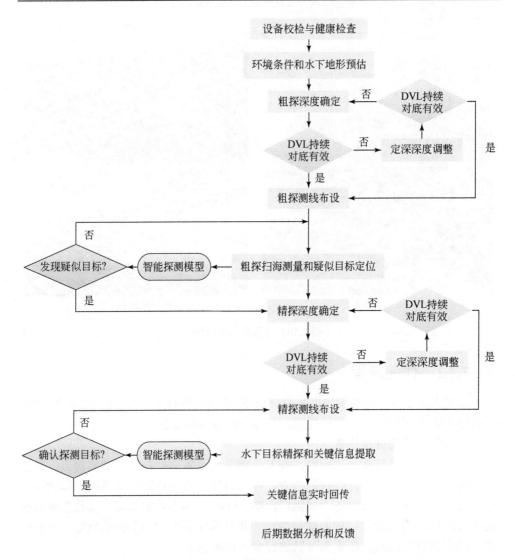

图 7.11　实际作业流程图

预估方法，利用多波束条带覆盖宽度获取测区水深变化较大的复杂区域情况，其间利用 Wi-Fi 远程桌面访问多波束控制系统实时查看水深数据，实时获取并估计测线沿航向的最深和最浅水深值，提高了扫描效率，获取了更多测区水下地形数据，为后续试验的深度确定提供了至关重要的先验知识，如图 7.12（a）、（b）。

　　根据快速的海底地形扫测后获取任务区域的基本海底地形起伏情况，并对测线沿航向水深剖面的最深点和最浅点进行准确估计，通过式（2.3.4）计算 DVL 的有效高度范围，并作为后续 AUV 开展远场粗探与近场精探的定深依据，下面介绍水下目标探测的试验情况。

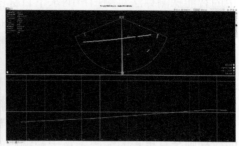

(a)AUV水面作业　　　　　　　　　　　　　　(b)地形数据采集

图 7.12　AUV 水面地形数据扫测

3. 粗探深度确定和测线布设

在完成环境条件和水下地形预估后,根据水下地形预估和 DVL 对底有效高度的最大值,确定远场粗探的定深深度,旨在保证最大覆盖率以提高作业效率。接着,在布设测线时,我们根据预定的深度以及地形,粗探测线间距式（2.3.6）进行布设,同时也会考虑天气、海况、设备性能和作业时间等实际因素。至于扫测航速,根据预期的水下目标尺寸和粗探航速式（2.3.7）确定,以尽可能高效地覆盖目标探测区域。

4. 粗探扫海测量和疑似目标定位

在粗探扫海测量阶段,AUV 按照预设的定深深度和测线布设,按照设定的航速进行扫海测量。搭载的侧扫声呐在此过程获得大量的水下数据,首先利用第 3 章技术进行侧扫声呐数据实时处理与高质量成图;然后,利用第 5 章智能探测算法进行检测,实现疑似目标的快速定位。

粗探扫海和疑似目标的定位是实现侧扫声呐水下目标探测的重要环节。这一阶段的数据收集和处理为后续的精细探测提供了基础,并为进一步分析和识别目标提供了准确的初始信息。

5. 精探深度确定和测线布设

在获得疑似水下目标位置信息后,我们根据 DVL 对底有效高度的最小值,确定近场精探的定深深度,旨在获取最高的图像分辨率以提高探测的精确率。在测线布设时,同样根据精探测线间距式（2.3.9）,同时结合地形、环境与设备等因素进行,航速按照精探航速式（2.3.10）进行设定,以尽可能获得更高质量的侧扫声呐水下目标图像。

6. 水下目标精探和关键信息实时回传

在目标精探阶段,AUV 按照预设的定深深度和测线布设,按照设定的航速进行近场精探。在此阶段，关注的重点是远场粗探的疑似目标，通过第 5 和第 6 章中的智能探测算法对侧扫声呐水下目标图像进行智能探测，包括利用第 6 章的高精度智能分割模型对水下目标的几何特征进行挖掘，最终利用水声通信实现水下目标的坐标、类别、尺寸、形状等重要特征关键信息实时回传。

其中，考虑到水声通讯带宽限制及 AUV 回传数据格式限制，获取的关键信息需要通过压缩与转换后进行回传。本节使用霍夫曼编码实现目标图像的压缩操作，这种方法是依据信号数据的出现频率来分配适应的编码长度。其深层原则是：在为数据编码时，对于出现次数较多的数据，将其编码短一些，而出现次数较少的数据则会有更长的编码。霍夫曼编码的关键在于，它根据数据的统计信息为每个字符分配一个新的编码，而不只是处理重复字符或字符串，因此，每个像素的位数与图像的熵值紧密相关。

对压缩完后图像信息以及类别、尺寸、坐标等关键信息需按照下表转换为 16 进制格式后进行打包，如表 7.4 所示。

表 7.4　16 进制格式

头报文	信息标识	总条数	信息内容	校验和	尾报文
1 字节	1 字节	1 字节	≤70 字节	1 字节	1 字节
0xCC					0xDD

各部分含义：头报文：信息起始位，统一标识为 0xCC（1 字节）；尾报文：信息终止位，统一标识为 0xDD（1 字节）；信息标识：表示不同信息类别（1 字节）；总条数：表示当前类别信息的总条数（1 字节）；信息内容：待发送的信息，包括关键信息或图像数据（140 字节以内）；校验和：长度至内容的所有字节异或的结果（1 字节）。

精细探测阶段的水下目标和关键信息实时回传是整个水下目标探测过程的关键环节。通过实时数据处理和高效的智能探测算法，快速、准确地识别和定位目标，并及时回传重要信息，为后续的目标分析和决策提供有力支持。

精细探测阶段的水下目标和关键信息实时回传是整个水下目标探测过程的关键环节。通过实时数据处理和高效的智能探测算法，快速、准确地识别和定位目标，并及时回传重要信息，为后续的目标分析和决策提供有力支持。

7. 异常情况处理

此外，考虑到探测过程中可能出现的各种异常情况，例如设备故障、环境变化等。在这种情况下，有快速上浮的应对措施，以避免对整体探测任务产生过大影响。

8. 后期数据分析和反馈

探测任务完成后，进行后期的数据分析，对关键信息进行提取和分析，并将对设备性能和使用策略的反馈和调整纳入下一次任务的规划中。

7.3.3　试验情况

水下目标探测应用试验按照上述作业流程进行，图 7.13 呈现试验中 AUV 执行任务时的水下三维航迹图，位置信息由 INS/DVL 组合导航系统提供。测线（1）是布设的任务区引导线，用于引导 AUV 顺利通过航渡区域的同时保证 DVL 对底有效。测线（2）、（3）、（4）、（5）、（6）、（7）是"远场粗探"测线，定深深度均定为该测线的 DVL 最小值（即离底高度最大），承担最短的时间内定位出潜在目标的任务；测线（9）、（10）、（11）是"近场精探"测线，定深深度均定为该测线的 DVL 最大值（即离底高度最小），主要承担详细识别和确认目标的任务。测线（11）引导 AUV 任务结束后上浮。从图 7.13 可以清晰地看到 AUV 根据海底地形变化，根据"远场粗探、近场精探"策略实施的水下目标探测任务。

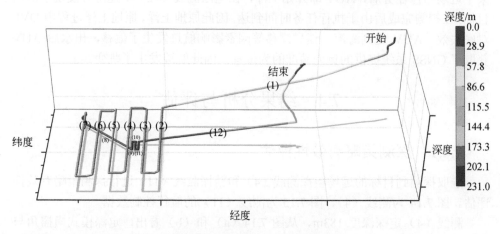

图 7.13　AUV 水下三维航迹图

注：因试验应用区域较为敏感，故隐藏具体坐标

表 7.5 展示了测线布设与 AUV 执行任务的变深情况。

AUV 从母船入水后，在水中进行了传感器的测试，随后按照测线（1）下潜到任务点，开始远场粗探，第一条粗探测线（2）设置定深为 178m，第二条粗探测线（3）设置为 185m，第三条粗探测线（4）设置为 183m，第四条粗探测线（5）设置为 182m，第五条粗探测线（6）设置为 194m，第六条粗探测线（7）设置为 198m。任务期间，DVL 持续对底有效，并在测线（4）过程中发现疑似目标，并传回 AUV 坐标。

表 7.5　计划测线布设与 AUV 执行任务情况

任务序号	执行任务情况	任务序号	执行任务情况
（1）	引导线，水面至粗探点	（7）	粗探测线，定深 198m
（2）	粗探测线，定深 178m	（8）	引导线，下潜至精探点
（3）	粗探测线，定深 185m	（9）	精探测线，定深 229m
（4）	粗探测线，定深 183m	（10）	精探测线，定深 218m
（5）	粗探测线，定深 182m	（11）	精探测线，定深 230m
（6）	粗探测线，定深 194m	（12）	任务结束，AUV 上浮

在结束粗探任务测线后，根据测线（4）中的疑似坐标，按照测线（8）下潜到任务点，开展近场精探，第一条精探测线（9）设置定深为 229m，第二条精探测线（10）设置为 218m，第三条精探测线（11）设置为 230m。任务期间，DVL持续对底有效，并在测线（11）过程中发现疑似目标，并传回目标关键信息。结束了近场精探任务后，AUV 即开始上浮，在返回测线（12）中途意外发现了沉船目标，在扫测完成后由于执行任务时间到达，因此原地上浮，原地上浮过程中 DVL对底失效，AUV 受到海流、惯导漂移等因素影响航迹发生了偏移，出水后 AUV获取了 GNSS 系统提供的更为精准的为位置，因此航迹发生了跳变。

7.4　结果分析与评估

7.4.1　探测策略有效性评估

选取探测到目标的远场粗探测线（4）和精探测线（11）进行探测策略有效性评估。图 7.14 为测线（4）、图 7.15 为测线（11）的航行控制数据。

测线（4）定深深度 183m，从图 7.14（a）和（b）看出，定深模式横摇角与纵摇角变化较小，AUV 姿态较为稳定，根据式（7.3）可计算执行任务过程中 DVL四个波束的量程变化；图 7.14（c）可以看出 AUV 保持在 180m 左右，图 7.14（d）显示 AUV 下方的高度不断发生变化，总体测线南北两侧水深较深，中间偏北部

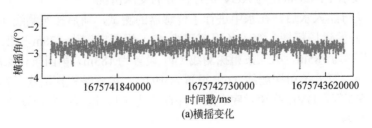

(a)横摇变化

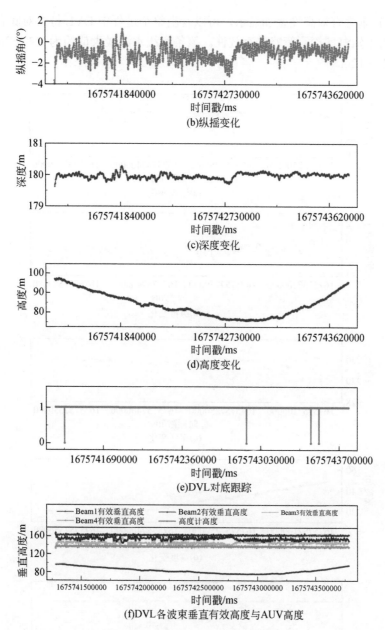

(b)纵摇变化

(c)深度变化

(d)高度变化

(e)DVL对底跟踪

(f)DVL各波束垂直有效高度与AUV高度

图 7.14　测线（4）航行控制数据

分水深较浅；图 7.14（e）显示 AUV 在执行任务过程中总体 DVL 持续对底有效，其间出现了 4 次失效情况，可能是 AUV 突然调整了俯仰角，随后控制系统自行修复了这一错误，其出现时间非常短暂，不影响任务的执行；图 7.14（f）将高度计与 DVL 垂直有效高度叠加显示，可以看出整个过程中 DVL 持续对底有效，证明提出的未知海域探测策略的有效性。该条测线水深最大值约为 279.67m，最小值约为 255.12m。

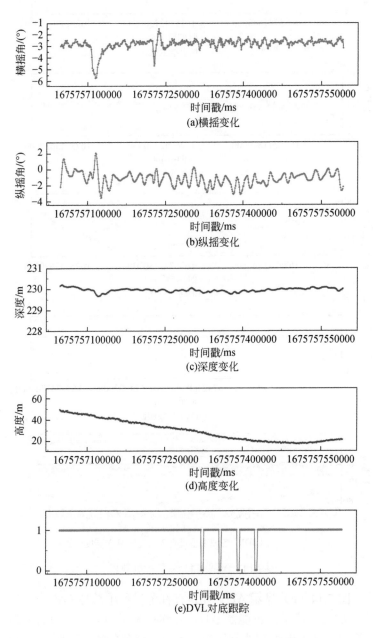

(a)横摇变化

(b)纵摇变化

(c)深度变化

(d)高度变化

(e)DVL对底跟踪

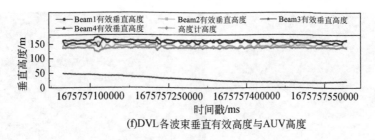

(f)DVL各波束垂直有效高度与AUV高度

图 7.15　测线（11）航行控制数据

测线（11）定深深度 230m，从图 7.15（a）、（b）可以看出，本条侧线 AUV
整体横摇较为稳定，纵摇波动起伏较大，其间出现的两次较大幅度的姿态变化均
在图 7.15（f）中得到体现，但是依旧持续有效；图 7.15（c）可以看出 AUV 保持
在 230m 左右，图 7.15（d）显示该测线总体测线南侧水深较深，北侧水深较浅；
图 7.15（e）显示 AUV 在执行任务过程中总体 DVL 持续对底有效，其间同样出
现了 4 次失效情况，可能原因包括海底噪声复杂或传输丢包的情况，但是由于 DVL
对底失效持续时间不超过 0.8s，不影响作业任务的执行，可以认为整个过程中 DVL
持续对底，水下导航的精度得到保证；图 7.15（f）将高度计与 DVL 垂直有效高
度叠加显示，证明整个过程中 DVL 持续对底有效。该条测线水深最大值约为
280.73m，最小值约为 246.21m。

7.4.2　水下目标实时智能探测评估

7.4.2.1　水雷目标实时智能探测

1. 远场粗探

AUV 远场粗探任务采用 3kn 航速，频率为 450kHz，量程为 150m，共进行 6
条测线（任务 2、3、4、5、6、7），由于水雷目标尺寸较小，仅在测线（4）处发
现疑似目标。部分包含水雷目标的在航条带图像实时处理前后对比如图 7.16 所示。

可以看出，图 7.16（a）在经过在航条带数据实时处理包括：原始数据实时质
量控制、实时海底线自动跟踪、辐射畸变实时改正和实时消噪改正后，生成的图
像图 7.16（b）从视觉的角度而言，实现了精准的海底线自动跟踪与斜距改正，消
除了横向灰度不均衡，有效消除瀑布图像中噪声的同时保留了目标的纹理信息和
背景信息，拥有更高的图像质量。

智能探测模型在对地理编码后的在航条带图像进行远场粗探的结果如图 7.17
所示，由于整个测线地理编码图过大，因此此处仅截取包含水雷目标的地理编码
图像。

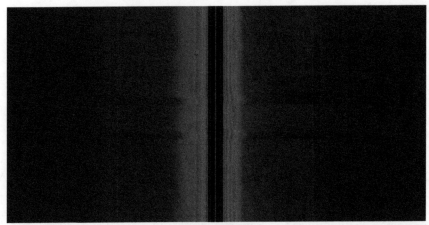

(a)数据实时处理前

(b)数据实时处理后

图 7.16 远场粗探中实时处理前后对比图

图 7.17 地理编码图像的水下目标检测结果

从图 7.17 看出，对于经过数据实时处理的远场粗探地理编码图像，智能探测模型实现了图像中两个水雷目标的实时检测，置信度分别达到 56% 和 61%，证明了在航条带数据实时处理的有效性以及实时智能检测模型对小尺寸目标检测的优越性。

2. 近场精探

接下来，对疑似目标进行近场精探。近场精细探测包括测线 3 条（任务 9、10、11），采用的航速为 2kn、频率为 900kHz、量程为 75m。其中测线（11）在距离母船约 1nmile 和约 1.6nmile 处传回两个水下目标的关键信息，虽然水声通讯标定的传输速率为 12.5～14.5kb/s，但是该指标在极为理想的情况下才能实现，而实际海上试验过程中仅能达到 140 字节/秒。因此，第一次传回的数据总共 104 个数据包，累计大小 14.2kb，总共耗时约 1 分 42 秒；第二次传回的数据总共 112 个数据包，累计大小 16.9kb，总共耗时约 2 分 06 秒。传输的目标信息格式如表 7.6 所示。

表 7.6　传输的目标信息格式

头报文	信息标识	总条数	信息内容	校验和	尾报文
1 字节	1 字节	1 字节	140 字节	1 字节	1 字节
0xCC	0x01	0x1B	如下	0x8E	0xDD

定义信息内容：前 2 个字节为 0x，01 表示沉船，0x02 表示水雷，0x03 表示礁石，0x04 表示飞机残骸，0x05 表示蛙人；3～7 字节表示目标经度；8～11 字节为目标纬度；12～15 字节为目标长度；16～19 字节为目标宽度；20～23 字节为目标高度。

探测到目标后两次传输的数据包中的第一个数据包均包括：目标的类别、中心点坐标以及几何尺寸等关键信息（表 7.7），目标 1 的第一个数据包具体数值为：CC011B000242F101A441F131B0400000003FE666663FD999998EDD，传输耗时仅 0.2s。

表 7.7　目标 1 第 1 个数据包内容

目标类型（2 字节）		经度（4 字节）				纬度（4 字节）			
0x00	0x02	0x42	0xF1	0x01	0xA4	0x41	0xF1	0x31	0XB0
长（4 字节）				宽（4 字节）				高	
0x40	0x00	0x00	0x00	0x3F	0xE6	0x66	0x66	0x3F	0xD9
（4 字节）				预留					
0x99	0x99								

目标 1 的信息内容 00 02 代表目标为水雷；42 F1 01 A4 代表目标经度为 122°19′01.696″；41 F1 31 B0 代表目标纬度为 30°12′49.776″；40 00 00 00 代表目标长 2m；3F E6 66 66 代表目标宽 1.8m；3F D9 99 99 代表目标高 1.7m。虽然回传的水雷坐标与投放坐标略有偏差，可能原因是海底涌流的冲击导致 1 号水雷目标的移动以及 AUV 定位误差；另外，回传的水雷几何信息为横边长 2.03m，纵边长 1.84m，高度为 1.71m 与实际的直径 2m 几乎一致；

目标 2 的第一个数据包具体数值为：CC011B000242F4180141F18E903F99999 A3D0A3D703EB851EB8EDD（表 7.8），传输耗时同样为 0.2s。

表 7.8　目标 2 第 1 个数据包内容

目标类型（2 字节）		经度（4 字节）				纬度（4 字节）			
0x00	0x02	0x42	0xF4	0x18	0x01	0x41	0xF1	0x8E	0x90
长（4 字节）				宽（4 字节）				高	
0x3F	0x99	0x99	0x9A	0x3D	0x0A	0x3D	0x70	0x3E	0XB8
（4 字节）		预留							
0x51	0xEB								

目标 2 的信息内容 00 02 代表目标为水雷；42 F4 18 01 代表目标经度为 122°19′12.001″；41 F1 8E 90 代表目标纬度为 30°12′36.114″；3F 99 99 9A 代表目标长 1.21 米；3D 0A 3D 70 代表目标宽 0.34m；3E B8 51 EB 代表目标高 0.42m。回传的 2 号水雷长度为 1.21m，略微大于实际的 1m，可能是由于 2 号水雷后面绑系了重块，目的是避免水雷在海底受海流影响移动太多，宽度和高度与实际的直径 0.4m 几乎一致。

两个目标的最后 103 个和 111 个数据包大小约为 14kb 和 16kb，但是在岸基接收时均出现了丢包情况，且数据包解码时出现乱码，最终未能还原探测的具体图像，可能原因包括水下噪声干扰、信号传播特性以及设备硬件限制等多方面因素。但是，在 AUV 回收后对数据进行岸基读取，完成了探测图像的回放，并使用实时智能探测模型对两个水雷目标图像进行智能探测，结果如图 7.18 所示，可以看出虽然两个水雷的尺寸较小，但是本文的智能探测模型依旧完成了智能检测且置信度分别达到 70.11% 和 74.73%，同时在检测基础上均实现了实体与阴影的高精度分割，并最终提取了水雷目标的关键信息。虽然在传输时间方面，由于水声通信设备性能的限制，两个水雷目标数据包传输总耗时长达 1 分 42 秒和 2 分 06s，且未完成数据包的解压成图，但是在回收 AUV 后对图像进行岸基处理时发现，图像智能检测时间仅 0.035s，检测后的智能分割耗时仅 0.1s，完全满足了实时探测的需求。

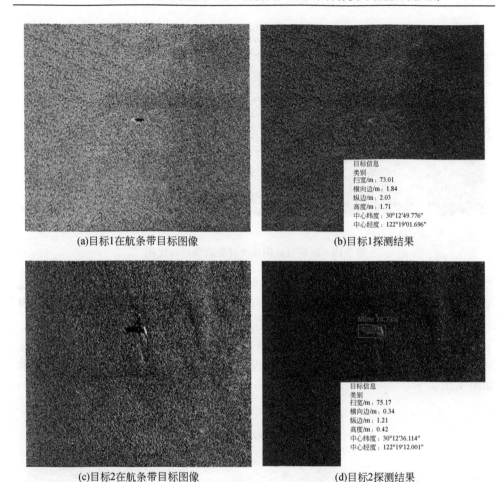

图 7.18　近场精探的目标结果

7.4.2.2　沉船目标实时智能探测

　　AUV 在返回任务（12）过程中侧扫声呐持续开机作业，采用 3kn 航速，频率为 450kHz，量程为 150m。在途中航行约 1.5n mile 后意外接收到回传的水下沉船目标数据包，其中第一个数据包同样包含了类别、中心点坐标以及几何尺寸信息，具体数值为：CC011B000142D85F0141F1909442B851EB42AD70A48EDD。其中 00 01 代表目标为沉船；42 D8 5F 01 代表目标经度为 122°26′27.381″；41 F1 90 94 代表目标纬度为 30°12′11.421″；7C 3D 0A 3D 代表目标长 124.06m；42 B8 51 EB 代表目标宽 42.78m；42 AD 70 A4 代表目标高 35.31m，传输时间约 0.1s。

　　沉船目标在航条带图像实时处理前后对比如图 7.19 所示。

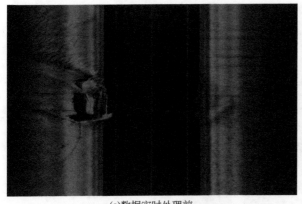

(a)数据实时处理前　　　　　　　　　　(b)数据实时处理后

图 7.19　沉船目标图像实时处理前后对比图

从图 7.19 看出，经过在航条带数据实时处理后的侧扫声呐沉船图像很好地实现了斜距改正，消除了灰度不均匀和噪声对图像质量的影响，拥有更高的清晰度，再一次证明了在航条带数据实时处理方法的有效性，实现了在航数据的高质量成图。

考虑到 AUV 电量的影响，在接收到关键信息的实时回传后未开展近场精探，同样在 AUV 回收后使用实时智能探测模型对沉船目标图像进行智能探测，结果如图 7.20 所示。

(a)地理编码图像的沉船目标检测结果　　　　　　(b)沉船目标分割结果

图 7.20　沉船目标探测结果

从图 7.20 看出，智能探测模型实现了地理编码图像中沉船目标的智能检测，耗时 0.02s，置信度高达 81.55%，同时在检测的基础上成功对目标进行了高精度分割和关键信息的提取，耗时 0.3s。得到的沉船的长度、宽度、和高度虽然无法考证，但是符合经验，且沉船高度与海图标注的碍航物水深注记数值相近。证明了在航条带数据实时处理的有效性以及实时智能探测模型的实用性。

综合上述海上试验应用得出，本文提出的系统在考虑平台设备安全、数据质量以及作业效率的基础上实现了未知海域基于 AUV 定深模式下的侧扫声呐水下目标实时智能探测，证明了方法的可行性和关键技术的有效性，具有较强的实际指导意义。

7.5　本章小结

本章构建了一套基于 AUV 的侧扫声呐水下目标实时智能探测系统，整合前文提出的探测机制与关键技术，实现了某海域水下目标的实时智能探测。具体工作及贡献如下：

（1）构建了完整的基于 AUV 的侧扫声呐水下目标实时智能探测系统，明确了各组成部分的具体型号及参数，包括：AUV 平台、嵌入式侧扫声呐、实时智能探测模块、定位系统以及导航系统；基于第 2～6 章关键技术，开发了"数据实时处理及高分辨率成图"和"检测分割组合实时探测"软件，并集成至系统。

（2）遵循第 2 章提出的探测机制，在考虑平台设备安全、数据质量以及作业效率的基础上，结合"远场粗探，近场精探"的策略，制定了具体的水下目标实时智能探测流程，指导实际海上应用。

（3）在此基础上，以某未知海域为研究场景，开展基于 AUV 的侧扫声呐水下目标实时智能探测应用，结果表明，在保证系统设备安全的基础上，实现了在航条带数据的实时处理，在"远场粗探"检测到疑似水雷目标，置信度分别达到56%和 61%，并在"近场精探"完成了水雷目标的实时智能探测，置信度达到70.11%和74.73%，且在 0.1s 完成了水雷目标的类别、坐标、几何尺寸信息的实时回传；完成了沉船目标的实时智能探测，置信度高达 81.55%，且在 0.1s 完成了关键信息的实时回传。

本章实现了基于 AUV 的侧扫声呐水下目标实时智能探测，证明了全文研究的实用性和有效性，打通了从理论研究到实际应用的"最后一公里"。

第8章　总结与展望

8.1　全文工作总结

本书针对目前基于 AUV 的侧扫声呐水下目标探测尚无法实现数据实时处理、目标实时探测和数据实时回传的难题，以 AUV 为载体平台，侧扫声呐为水下目标探测装备，以沉船和水雷目标作为水下目标代表，开展基于 AUV 的侧扫声呐水下目标实时智能探测技术研究与应用。构建了基于 AUV 的侧扫声呐水下目标实时智能探测系统，并基于该系统建立了探测机制，解决了数据实时处理、高代表样本扩增、实时智能探测模型构建三个关键技术难题，实现了某海域水下目标的实时、智能、隐蔽探测，打通了从"高质量输入-高性能探测-实际化应用"的全链路。

本书的主要工作和贡献如下：

1. 建立了基于 AUV 的侧扫声呐水下目标实时智能探测系统及探测机制

针对传统船载侧扫声呐探测水下目标存在的成像分辨率低、目标探测可靠性低、应用区域受限问题以及 AUV 受水声通信限制导致数据无法实时回传、处理及目标实时探测的难题，建立了基于 AUV 的侧扫声呐水下目标实时智能探测系统，提出了水下目标实时探测机制，包括探测系统的工作原理、水下目标探测的工作流程以及涉及的关键技术，为水下目标实时智能探测创建了平台系统和作业模式。

2. 提出了侧扫声呐在航条带数据实时处理与高质量成图方法

针对目前 AUV 搭载的侧扫声呐数据主要采用事后处理和成像的方式，无法满足水下目标图像的在航获取的时效性问题，提出了侧扫声呐在航条带数据实时处理与高质量成图方法，解决了数据实时处理的难题，实现了高质量图像在航获取，为实时智能探测模型的"高质量输入"奠定了基础。

（1）给出了侧扫声呐在航条带数据实时处理流程，分析了实时处理时面临的关键技术难点；

（2）开展了在航条带侧扫声呐数据实时处理关键技术研究：

① 针对基于 AUV 的侧扫声呐数据具有种类多、数据量大的特点，而现有后处理的滤波方法无法适用的问题，根据各自数据变化特点，提出了在航条带原始数据实时质量控制方法，实现了原始回波强度数据、INS、DVL 和深/高度计原始

数据的实时预处理和滤波，在航条带每 10Ping 数据处理时间约为 0.23s，整体提高了基于 AUV 的侧扫声呐水下目标探测系统的原始观测数据质量；

② 针对基于人工阈值法的海底线自动跟踪难以满足实时处理需求的问题，提出了一种联合语义分割和顾及瀑布图像分布特点的海底线自动跟踪方法，在航条带每 10Ping 数据处理仅需 0.14s，实现了高准确性的海底线自动提取和跟踪；

③ 针对传统辐射畸变改正方法需顾及整个条带的基值变化，因而无法满足 AUV 在航实时辐射畸变改正需求的问题，提出了一种基于历史回波数据统计分布特征的基值自动确定方法及基于角度相关性的辐射畸变在航改正方法，在航条带每 10Ping 数据处理仅需 0.17s；

④ 针对传统遍历全图实现滤波消噪的方法存在耗时长，无法满足实时性的问题，提出了一种基于 ADMM 的噪声实时消除方法。该方法在沉船图像上 PSNR 值较 flexISP、DeepJoint 和 BM3D 分别提高了 7.21dB、5.78 dB 和 3.43dB，SSIM 值分别提高了 0.28、0.18 和 0.01；在礁石图像上 PSNR 值分别提高了 8.94dB、6.44dB 和 6.40dB，SSIM 值均提高了约 0.10；在飞机残骸图像上 PSNR 值分别提高了 4.95dB、1.80dB 和 1.73dB，SSIM 值分别提高了 0.16、0.15 和 0.04。在航条带每 10Ping 数据处理仅需 0.08s，显著提高了在航条带图像的信噪比，实现了条带图像的在航消噪；

（3）开展渤海湾海域实验验证，实现了在航侧扫声呐条带数据的原始数据实时质量控制、实时海底线自动跟踪、辐射畸变实时改正以及图像实时消噪，每 10Ping 数据处理耗时约 0.6s，快于侧扫声呐换能器每 10Ping1 秒的收发时间，并取得了与事后处理持平的效果，满足了在航高质量成图的需求。

3. 提出了基于同一实体跨域映射关系的侧扫声呐水下目标图像样本扩增方法

针对水下目标的侧扫声呐图像样本匮乏，代表性不强的问题，提出了一种基于同一实体跨域映射关系的水下目标侧扫声呐图像样本扩增方法，构建了光学-声学图像双域间转换模型，实现了大量、高代表性水下目标图像样本扩增，为高性能水下目标探测模型的构建奠定了训练数据基础。

（1）基于 3D 打印技术制作欲探水下目标实体；在此基础上，考虑水下目标的多视角、多高度、变化距离的成像模式，制作了系列目标光学摄影图像；然后，将打印的目标实体置于水体和海底，根据侧扫声呐实际探测模式，在变化的成像条件和场景下，获得了目标系列侧扫声呐图像；最终建立同一实体光学-侧扫声呐之间映射关系，解决非同一实体目标的系统偏差制约样本扩增效果的问题；

（2）设计了单循环一致性网络结构、引入了 CSA 模块，建立了基于 LSGAN 的损失函数，构建了基于循环一致性的 GAN，实现了光学-侧扫声呐声学样本间信息的高效、稳健转换以及大量侧扫声呐目标样本的扩增；

（3）开展了实验验证，建立了水雷目标的光学与侧扫声呐图像真实跨域映射关系，基于循环一致性 GAN 实现了 FID、MMD 和 1-NN 值为 158.64、0.247 和 0.70 的高真实度双域图像转化，基于生成样本训练后的检测模型在零样本水雷目标检测 AP 值达到了 79.96%；基于循环一致性 GAN 生成的沉船目标图像 FID、MMD 以及 1-NN 值分别为 123.12、0.105 和 0.72，与传统的样本扩增方法相比，生成的侧扫声呐图像真实感更强，基于生成样本训练后的检测模型在小样本沉船目标检测 AP 值达到了 81.65%，实现了零样本和小样本高代表水下目标的高质量扩增，证明了本章方法的有效性。

4. 构建了 DETR-YOLO 轻量化模型，提出了在航条带水下目标实时检测方法

针对传统模型无法解决复杂海洋环境下小尺寸目标的高效、实时、准确检测，以及在航图像目标实时检测方法空白的问题，构建了 DETR-YOLO 轻量化模型，提出了基于在航条带图像的水下目标实时检测方法，实现了基于 AUV 的在航条带侧扫声呐水下目标实时检测。

（1）根据 DETR 和 YOLO 特点，创新融合了 DETR 与 YOLO 结构，建立了 DETR-YOLO 模型，包括加入了多尺度特征复融合模块，提高小目标检测能力；融入注意力机制 SENet，强化对重要通道特征的敏感性；

（2）基于该模型，提出了在航条带图像的水下目标实时检测方法，包括垂直航迹图像降采样策略以及基于 WFC 的检测框策略，解决了水下目标实时检测的时机以及输入模型的大小，在保证检测时效性的同时实现了高精度检测；

（3）开展了实验验证，结果表明：基于 AUV 适配算力，DETR-YOLO 模型在沉船数据集上的检测精度 $AP_{0.5}$ 值达到 84.5%，较 Transformer 和 YOLOv5 模型，检测精度分别提高了 2.7% 和 7.2%；检测精度 $AP_{0.5:0.95}$ 值达到 57.7%，较 Transformer 和 YOLOv5a 网络模型分别提高了 6.1% 和 13.8%；在舟山海域开展了实时水下目标检测，实现了沉船目标检测 AP 值 93.4% 的高精度检测，且单张图像检测时间仅 0.031 秒，满足了 AUV 工程部署对轻量化的要求，实现了复杂海况下水下小尺度目标的"实时检测"。

5. 构建了 BHP-Unet 分割模型，提出了在航图像水下目标高精度分割方法

针对现有分割模型无法实现复杂情况下目标的高精度分割以及目标在航图像几何尺寸实时提取方法缺失的问题，建立了 BHP-Unet 模型，提出了在航图像水下目标高精度分割方法，实现了在航侧扫声呐图像水下目标的高精度分割和几何尺寸信息提取。

（1）设计了 BHD 模块，在提升感受野的同时融合深层语义与浅层特征的学习能力；其次，引入 PSA 模块，在处理多尺度空间特征的同时建立全局与局部信息的长期依赖关系；在此基础上，融合 Unet 模型，构建了高性能分割模型 BHP-Unet，提升复杂情况下目标高精度边缘分割能力；

（2）在此模型基础上，提出基于在航条带图像的目标几何尺寸信息提取方法。

在高精度分割结果的基础上，实现了顾及航行安全的在航图像水下目标几何尺寸提取，为研判目标属性提供更全面、多维的信息支撑；

（3）开展了实验验证，结果表明：BHP-Unet 模型对沉船目标分割的 Dice 值达到 78.31%，较 FCN、Unet 以及 Deeplabv3+模型分别提高了 26.17%、9.05%和 1.51%，IoU 值达到 77.71%，分别提高了 18.74%、6.24%和 2.51%，证明构建的 BHP-Unet 模型拥有更优越的分割性能；同时基于 AUV 适配算力，实现了针对 DETR-YOLO 模型检测后图像 Dice 值 76.27%，IoU 值 80.63%的高精度分割，单图像耗时 0.16 秒，提取的目标几何尺寸信息与海图上碍航物标志吻合。

6. 开展某海域基于 AUV 的侧扫声呐水下目标实时智能探测应用

为全面验证本文研究技术的可行性和实用性，打通技术研究的工程化落地与实际化应用的"最后一公里"，搭建了基于 AUV 的侧扫声呐水下目标实时智能探测系统，遵循探测机制，使用该系统在某海域开展了实际化应用，一定程度上克服了水声通信的限制，实现了基于 AUV 的侧扫声呐水下目标实时智能探测。

（1）搭建了完整的基于 AUV 的侧扫声呐水下目标实时智能探测系统，明确了各组成部分的具体型号及参数，并工程化第 2～6 章关键技术，开发集成了"数据实时处理及高分辨率成图"和"检测分割组合实时探测"软件；

（2）遵循基于 AUV 的侧扫声呐水下目标实时智能探测机制，制定了详尽探测流程，指导实际海上应用；

（3）基于构建的系统，根据具体探测流程，开展了某海域基于 AUV 的侧扫声呐水下目标实时智能探测，结果表明，在保证系统设备安全的基础上，实现在航条带数据实时处理与高质量成图，在"远场粗探"检测到疑似水雷目标，置信度分别达到 56%和 61%，并在"近场精探"完成了水雷目标的实时智能探测，置信度达到 70.11%和 74.73%，且在 0.1 秒完成了水雷目标关键信息的实时回传；完成了沉船目标的实时智能探测，置信度高达 81.55%，且在 0.1 秒完成了关键信息的实时回传。

8.2　下一步研究展望

本书重点解决了基于 AUV 的侧扫声呐数据实时处理、高代表样本扩增、实时智能探测模型构建三个关键技术，但是结合章节 7 的某未知海域的应用发现，本文研究主要集中在侧扫声呐这一声学探测的单一源，对于拥有其他属性的水下目标，比如拥有磁属性的水下目标，开展多源组合探测将大大提升探测精度。为了实现这一目标，未来的研究将着重以下几个方向：

（1）融合与优化不同传感源的数据：深入研究侧扫声呐、前视声呐、磁力、光学、电场等不同传感源的特性，研究高效的融合算法，优化并提升各数据源的互补性和整体探测性能，以实现对具有不同物理属性的水下目标的更为精准的探测。

（2）实时性与鲁棒性的提升：在确保数据融合精度的基础上，进一步研究和优化多源数据处理的实时性和鲁棒性，以确保在各种复杂海域环境和不确定条件下，探测系统的稳定性和高效性。

（3）改进特征提取与处理方法：针对多源组合数据，优化和改进特征提取与预处理的方法，突出对水下目标探测有助的信息特征，进而提高整体探测模型的性能和可靠性。

主要符号说明

AUV	自主式水下潜器	AP	平均精度
ADMM	交替方向乘子法	AGAST	自适应通用加速段测试
BHD	多尺度混合空洞卷积	BS	回波强度
BN	批量归一化	BRISK	二进制鲁棒不变可扩展要点
$b(p,q)$	汉明距离	CNN	卷积神经网络
CG	循环生成对抗网络	CSP	跨阶段局部网络
CSA	通道与空间注意力	Concat	特征拼接
DVL	多普勒计程仪	FFN	前馈神经网络
FP	错误识别的正样本	FN	错误识别的负样本
FPS	每秒检测帧数	FC	全连接层
GAN	对抗生成网络	G	图像灰度值
INS	惯性导航系统	IoU	交并比
IN	实例归一化	K	卷积核
LSGAN	最小二乘生成对抗	MMD	最大平均差异
$M_C(I)$	通道注意力	$M_S(I)$	空间注意力
NMS	非极大值抑制	Ping	脉冲
P	查准率	PSA	金字塔切分注意力
PSNR	峰值信噪比	R	查全率
R_{ac}	沿航迹方向分辨率	R_{vc}	横向分辨率
r,p,h	横摇角、纵摇角和航向角	SSS	侧扫声呐
SENet	压缩和激励网络	SSIM	结构相似性
TVG	时间增益	TP	正确识别的正样本
TN	正确识别的负样本	T_r	矩阵的迹
USBL	超短基线	Upconv	上采样
WFC	基于置信度的加权融合	Weight	权重
$|X|$	目标真实像素点	$|Y|$	预测的分割像素
1-NN	1-最近邻分类器	σ	Sigmoid 函数
δ	ReLU 函数	$\otimes$	元素点乘

参 考 文 献

［1］金翔龙. 2007. 海洋地球物理研究与海底探测声学技术的发展［J］. 地球物理学进展，04：1243-1249.

［2］丁忠军，任玉刚，张奕，等. 2019. 深海探测技术研发和展望［J］. 海洋开发与管理，36（04）：71-77.

［3］曹惠芬. 2005. 我国深海探测技术装备发展现状［J］. 船舶物资与市场，02：19-22.

［4］Henriksen L. 2002. Real-time underwater object detection based on an electrically scanned high-resolution sonar[C]. In: The Proceedings of IEEE Symposium on Autonomous Underwater Vehicle Technology. Tokyo，Japan：IEEE，99-104.

［5］陈正荣，王正虎. 2013. 多波束和侧扫声呐系统在海底目标探测中的应用［J］. 海洋测绘，33（04）：51-54.

［6］刘陈. 2015. 多波束系统、侧扫声呐与磁力仪在海底沉船探测中的比较分析［D］. 北京：中国地质大学（北京）.

［7］王久，周健. 2010. 侧扫声呐和多波束系统在失事沉船扫测中的综合应用［J］. 中国水运，10（8）：35-37.

［8］Arshad M R. 2009. Recent advancement in sensor technology for underwater applications［J］. Indian Journal of Geo-Marine Sciences，38（03）：267-273.

［9］Greene A，Rahman A F，Kline R，et al. 2018. Side scan sonar: A cost-efficient alternative method for measuring seagrass cover in shallow environments[J]. Estuarine，Coastal and Shelf Science，207：250-258.

［10］Sun Y，Liu X，Zhang F，et al. 2009. side-scan sonar sounding system with shallow high resolution and its marine applications［J］. Ocean Engineering，27（4）：96-102.

［11］徐玉如，李彭超. 2011. 水下机器人发展趋势［J］. 自然杂志，33（03）：125-132.

［12］徐玉如，苏玉民，庞永杰. 2006. 海洋空间智能无人运载器技术发展展望［J］. 中国舰船研究，03：1-4.

［13］马伟锋，胡震. 2008. AUV 的研究现状与发展趋势［J］. 火力与指挥控制，06：10-13.

［14］吴有生，赵羿羽，郎舒妍，等. 2020. 智能无人潜水器技术发展研究［J］. 中国工程科学，22（06）：26-31.

［15］徐玉如，庞永杰，甘永，等. 2006. 智能水下机器人技术展望［J］. 智能系统学报，01：9-16.

［16］Feezor M，Yates S，Blankinship P，et al. 2001. Autonomous underwater vehicle homing/

docking via electromagnetic guidance［J］. IEEE Journal of Oceanic Engineering，26（04）：515-521.

［17］汤寓麟，金绍华，刘敏，等. 2023. 基于 AUV 的声呐水下目标实时探测机制研究［J］. 海洋测绘，43（03）：26-29.

［18］Kondo H，Ura T. 2004. Navigation of an AUV for investigation of underwater structures［J］. Control Engineering Practice，12（12）：1551-1559.

［19］Hurtos N，Palomeras N，Carrera A，et al. 2017. Autonomous detection，following and mapping of an underwater chain using sonar［J］. Ocean Engineering，130：336-350.

［20］Sahooa A，Dwivedya S K，Robi P S. 2019. Advancements in the field of autonomous underwater vehicle［J］. Ocean Engineering，181：145-160.

［21］Son-Cheol Y. 2008. Development of real-time acoustic image recognition system using by autonomous marine vehicle［J］. Ocean Engineering，35（01）：90-105.

［22］钟宏伟. 2017. 国外无人水下航行器装备与技术现状及展望［J］. 水下无人系统学报，25（04）：215-225.

［23］智达. 2022. 国外海军无人潜航器发展综述［J］. 船舶工程，44（08）：170-172.

［24］赵建虎，李娟娟，李萌. 2009. 海洋测量的进展及发展趋势［J］. 测绘信息与工程，34（04）：25-27.

［25］Flowers H J，Hightower J E. 2013. A novel approach to surveying sturgeon using side-scan sonar and occupancy modeling［J］. Marine and Coastal Fisheries，5（01）：211-223.

［26］何勇光. 2020. 海洋侧扫声呐探测技术的现状及发展［J］. 工程建设与设计，（04）：275-276.

［27］殷晓冬. 2010. 声学测深数据处理与海陆数据集成方法研究［D］. 大连：大连理工大学.

［28］库安邦，周兴华，彭聪. 2018. 侧扫声呐探测技术的研究现状及发展［J］. 海洋测绘，38（01）：50-54.

［29］Peng C Y，Fan S S，Cheng X，et al. 2021. An Improved Side Scan Sonar Image Processing Framework for Autonomous Underwater Vehicle Navigation［C］. In：Proceedings of the 15th ACM International Conference on Underwater Networks & Systems. Shenzhen，China：Jilin University，Northwestern Polytech University，Xiamen University，23-26.

［30］Yu H，Li Z，Li D，et al. 2020. Bottom Detection Method of Side-Scan Sonar Image for AUV Missions［J］. Complexity，2020：01.

［31］Yuan F，Xiao F，Zhang K，et al. 2021. Noise reduction for sonar images by statistical analysis and fields of experts［J］. Journal of Visual Communication and Image Representation，74：102995.

［32］Chen E，Guo J. 2014. Real time map generation using sidescan sonar scanlines for unmanned underwater vehicles［J］. Ocean Engineering，91（15）：252-262.

［33］Jeffrey W. 2016. Real-time anomaly detection in side-scan sonar imagery for adaptive AUV missions［C］. In：Proceedings of 2016 IEEE/OES Autonomous Underwater Vehicles. Tokyo，Japan：IEEE，85-89.

［34］ Yan J，Meng J，Zhao J. 2019. Real-time bottom tracking using side scan sonar data through one-dimensional convolutional neural networks［J］. Remote sensing，12（01）：37.

［35］ Yan J，Meng J X，Zhao J H. 2021. Bottom detection from backscatter data of conventional side scan sonars through 1D-UNet［J］. Remote Sensing，13（05）：1024.

［36］ Zhao J，Yan J，Zhang H，et al. 2017. A new radiometric correction method for side-scan sonar images in consideration of seabed sediment variation［J］. Remote Sensing，09（06）：575.

［37］ 范习健，李庆武，黄河. 2012. 侧扫声呐图像的 3 维块匹配降斑方法［J］. 中国图像图形学报，17（01）：68-74.

［38］ Mignotte P，Lianantonakis M，Petillot Y. 2005. Unsupervised registration of textured images：applications to side-scan sonar［C］. In：Proceedings of Europe Oceans 2005. Brest，France：IEEE，622-627.

［39］ Vasamsetti S，Mittal N，Neelapu B，et al. 2017. Wavelet based perspective on variational enhancement technique for underwater imagery［J］. Ocean engineering，141：88-100.

［40］ Corchs S，Schettini R. 2010. Underwater image processing：State of the art of restoration and image enhancement methods［J］. EURASIP journal on advances in signal processing，2010（4）：746052-746052.

［41］ Blondel P. 2010. The Handbook of Sidescan Sonar［M］. Springer：Springer Science & Business Media.

［42］ Buscombe D. 2017. Shallow water benthic imaging and substrate characterization using recreational-grade sidescan-sonar［J］. Environmental Modelling & Software，89：1-18.

［43］ Anstee S. 2001. Removal of range-dependent artifacts from sidescan sonar imagery［M］. Australia：DSTO Aeronautical and Maritime Reseach Laboratory，DTIC Document，1-17.

［44］ Capus C，Ruiz I T，Petillot Y. 2004. Compensation for changing beam pattern and residual tvg effects with sonar altitude variation for sidescan mosaicing and classification［C］. In：Proceedings of 7th European Confrence on Underwater Acoustics（ECUA）. Delft，The Netherlands：EAA，5-12.

［45］ 阳凡林，刘经南，赵建虎. 2004. 基于数据融合的侧扫声呐图像预处理［J］. 武汉大学学报（信息科学版），05：402-406.

［46］ Cervenka P，De M C，Lonsdale P F. 1994. Geometric corrections on sidescan sonar images based onbathymetry. application with SeaMARC II and sea beam data［J］. Marine Geophysical Researches，16（05）：365-383.

［47］ Zhao J，Wang X，Zhang H，et al. 2017. A comprehensive bottom-tracking method for sidescan sonar image influenced by complicated measuring environment［J］. IEEE Journal of Oceanic

Engineering，42（03）：619-631.

［48］王晓，吴清海，王爱学. 2018. 侧扫声呐图像辐射畸变综合改正方法研究［J］. 大地测量与地球动力学，38（11）：1174-1179.

［49］Wang A，Church I，Gou J，et al. 2020. Sea bottom line tracking in side-scan sonar image through the combination of points density clustering and chains seeking［J］. Journal of Marine Science and Technology，25（03）：849-865.

［50］Siantidis K. 2016. Side scan sonar based onboard SLAM system for autonomous underwater vehicles［C］. In: Proceedings of 2016 IEEE/OES Autonomous Underwater Vehicles（AUV）. Tokyo，Japan：IEEE，195-200.

［51］Shih C C，Horng M F，Tseng Y R，et al. 2019. An adaptive bottom tracking algorithm for side-scan sonar seabed mapping［C］. In：Proceedings of 2019 IEEE Underwater Technology（UT）. Taiwan，China：IEEE，1-7.

［52］田晓东，刘忠. 2007. 基于灰度分布模型的声呐图像目标检测算法［J］. 系统工程与电子技术，05：695-698.

［53］赵春晖，尚政国. 2007. 自适应单尺度 Ridgelet 声呐图像去噪方法［J］. 哈尔滨工程大学学报，11：1263-1267.

［54］霍冠英，李庆武，王敏，等. 2011. Curvelet 域贝叶斯估计侧扫声呐图像降斑方法［J］. 仪器仪表学报，32（01）：170-177.

［55］张雷，康宝生，李洪安. 2014. 基于 Contourlet 变换和改进 NeighShink 的图像去噪［J］. 计算机应用研究，31（04）：1267-1269.

［56］Wilken D，Feldens P，Wunderlich T，et al. 2012. Application of 2D Fourier filtering for elimination of stripe noise in side-scan sonar mosaics　［J］. Geo-Marine Letters，32（04）：337-347.

［57］王爱学. 2014. 基于侧扫声呐图像的三维海底地形恢复［D］. 武汉：武汉大学.

［58］Bell J M. A model for the simulation of sidescan sonar［D］. 1995. Scotland：Heriot-Watt University.

［59］Cho H，Yu S C. 2015. Real-time sonar image enhancement for AUV-based acoustic vision［J］. Ocean engineering，104：568-579.

［60］Xu Y，Wang X，Wang K，et al. 2020. Underwater sonar image classification using generative adversarial network and convolutional neural network［J］. IET Image Processing，14（12）：2819-2825.

［61］Kumar N，Mitra U，Narayanan S S. 2014. Robust object classification in underwater sidescan sonar images by using reliability-aware fusion of shadow features［J］. IEEE Journal of oceanic engineering，40（3）：592-606.

［62］Ma Q X，Jiang L Y，Yu W X，et al. 2020. Training with noise adversarial network：a generalization method for object detection on sonar image ［C］. In：Proceedings of 2020 IEEE Winter Conference on Applications of Computer Vision （WACV）. Snowmass，CO，USA：IEEE，718-727.

［63］Sung M S，Kim J，Lee M，et al. 2020. Realistic sonar image simulation using deep learning for underwater object detection ［J］. International Journal of Control，18（03）：523-534.

［64］Coiras E，Mignotte P Y，Petillot Y，et al. 2007. Supervised target detection and classification by training on augmented reality data ［J］. IET Radar Sonar and Navigation，01（01）：83-90.

［65］Pailhas Y，Petillot Y，Capus C，et al. 2009. Real-time Sidescan Simulator and Applications ［C］. In：Proceedings of Oceans 2009-Europe Conference. Bremen，Germany：IEEE，1241-1246.

［66］罗逸豪，曹翔，张钧陶，等. 2023. 基于深度学习的水下光学图像超分辨率重建综述 ［J］. 数字海洋与水下攻防，6（01）：17-33.

［67］Li F，Feng R，Han W，et al. 2020. An augmentation attention mechanism for high-spatial-resolution remote sensing image scene classification ［J］. IEEE Journal of Selected Topics in Applied Earth Observations and Remote Sensing，13：3862-3878.

［68］Kapetanovic N，Miskovic N，Tahirovic A. 2021. Saliency and Anomaly：Transition of Concepts from Natural Images to Side-Scan Sonar Images ［C］. In：Proceedings of 21st IFAC World Congress. Berlin，Germany：Springer，14558-14563.

［69］Lee S，Park B，Kim A. 2018. Deep learning from shallow dives：Sonar image generation and training for underwater object detection ［J］. arXiv preprint arXiv：1810. 07990.

［70］Li C L，Ye X F，Cao D X，et al. 2021. Zero shot objects classification method of side scan sonar image based on synthesis of pseudo samples ［J］. Applied Acoustics，173：107691.

［71］Huo G，Wu Z，Li J. 2020. Underwater object classification in sidescan sonar images using deep transfer learning and semisynthetic training data ［J］. IEEE Access，08：47407-47418.

［72］Huang C，Zhao J，Yu Y，et al. 2021. Comprehensive sample augmentation by fully considering sss imaging mechanism and environment for shipwreck detection under zero real samples ［J］. IEEE Transactions on Geoscience and Remote Sensing，60：1-14.

［73］Chavez P S，Isbrecht J A，Galanis P，et al. 2002. Processing，mosaicking and management of the Monterey Bay digital sidescan-sonar images ［J］. Marine Geology，181（13）：305-315.

［74］Chang Y C，Hsu S K，Tsai C H. 2010. Sidescan sonar image processing：correcting brightness variation and patching gaps ［J］. Journal of marine science and Technology，18（6）：785-789.

［75］Xu Y，Wang X，Wang K，et al. 2020. Underwater sonar image classification using generative adversarial network and convolutional neural network ［J］. IET Image Processing，14（12）：2819-2825.

［76］Steiniger Y，Kraus D，Meisen T. 2022. Survey on deep learning based computer vision for sonar imagery [J]. Engineering Applications of Artificial Intelligence, 114: 105157.

[77] 李宝奇, 黄海宁, 刘纪元, 等. 2021. 基于改进 CycleGAN 的光学图像迁移生成水下小目标合成孔径声呐图像算法研究 [J]. 电子学报, 49 (09): 1746-1753.

[78] Chen J L, Summers J E. 2016. Deep neural networks for learning classification features and generative models from synthetic aperture sonar big data [J]. Acoustical Society of America Journal, 140 (04): 3423.

[79] Bore N, Folkesson J. 2021. Modeling and simulation of sidescan using conditional generative adversarial network [J]. IEEE Journal of Oceanic Engineering, 46 (01): 195-205.

[80] Karjalainen A I, Mitchell R, Vazquez J. 2019. Training and validation of automatic target recognition systems using generative adversarial networks[C]. In: Proceedings of 2019 Sensor Signal Processing for Defence Conference (SSPD). Brighton, UK: IEEE, 1-5.

[81] Jiang Y, Ku B, Kim W, et al. 2021. Side-Scan sonar image synthesis based on generative adversarial network for images in multiple frequencies [J]. IEEE Geoscience and Remote Sensing Letters, 18 (9): 1505-1509.

[82] Reed A, Gerg I, McKay J, et al. 2019. Coupling rendering and generative adversarial networks for artificial SAS image generation [C]. In: Proceedings of MTS/IEEE Oceans Seattle Conference. Seattle, WA: IEEE, 27-31.

[83] Johnson S, Deaett M. 1994. The application of automated recognition techniques to side-scan sonar imagery [J]. IEEE Journal of Oceanic Engineering, 19 (01): 138-144.

[84] Nayak N, Nara M, Gambin T, et al. 2021. Machine learning techniques for AUV side-scan sonar data feature extraction as applied to intelligent search for underwater archaeological sites [J]. Field Service Robot, 16: 219-233.

[85] 阳凡林, 独知行, 吴自银, 等. 2006. 基于灰度直方图和几何特征的声呐图像目标识别[J]. 海洋通报, 05: 64-69.

[86] Langner F, Knauer C, Jans W, et al. 2009. Side scan sonar image resolution and automatic object detection, classification and identification [C]. In: Proceedings of the OCEANS 2009-Europe Conference. Bremen, Germany: IEEE, 1-8.

[87] Isaacs J C. 2015. Sonar automatic target recognition for underwater UXO remediation[C]. In: Proceedings of the 2015 IEEE Conference on Computer Vision and Pattern Recognition Workshops (CVPRW). Boston, MA, USA: IEEE, 134-140.

[88] 王晓. 2017. 侧扫声呐图像精处理及目标识别方法研究 [D]. 武汉: 武汉大学.

[89] 朱殿尧, 卞红雨. 2008. 侧扫声呐目标自动探测研究 [J]. 吉林大学学报 (信息科学版), 26 (6): 627-631.

[90] 李海滨, 滕惠忠, 宋海英, 等. 2010. 基于侧扫声呐图像海底目标物提取方法 [J]. 海洋测绘, 30 (6): 71-73.

［91］吕良，周超烨，陈春. 2013. 基于虚警函数的侧扫声呐水下目标实时检测方法［J］. 海洋测绘，33（4）：35-38.

［92］朱殿尧，卞红雨. 2008. 侧扫声呐目标自动探测研究［J］. 吉林大学学报（信息科学版），26（6）：627-631.

［93］陈强. 2012. 基于水声图像水下目标识别的技术研究［D］. 哈尔滨：哈尔滨工程大学.

［94］Suraj K，Shameer K，Mohammed P R，Saseendran P，et al. 2013. Deep learning architectures for underwater target recgnition［C］. In: Proceedings of 2013 Ocean Electronics（SYMPOL）. Kochi，India：IEEE，48-54.

［95］Rhinelande R J. 2016. Feature extraction and target classification of side-scan sonar images［C］. In：Proceedings of 2016 IEEE Symposium Series on Computational Intelligence（SSCI）. Athens，Greece：IEEE，1-6.

［96］郭军，马金凤，王爱学. 2015. 基于 SVM 算法和 GLCM 的侧扫声呐影像分类研究［J］. 测绘与空间地理信息，38（03）：60-63.

［97］陈强. 2012. 基于水声图像水下目标识别的技术研究［D］. 哈尔滨：哈尔滨工程大学.

［98］续元君. 2011. 水下目标探测关键技术研究［D］. 大连：大连海事大学.

［99］郭海涛. 2002. 高分辨率成像声呐后置图像处理［D］. 哈尔滨：哈尔滨工程大学.

［100］Zhu K Q，Tian J，Huang H N. 2018. Underwater object Images Classification Based on Convolutional Neural Network［J］. In：Proceedings of 2018 IEEE 3rd International Conference on Signal and Image Processing （ICSIP）. Shenzhen，China：IEEE，301-305.

［101］Zhu P，Isaacs J，Fu B，et al. 2017. Deep learning feature extraction for target recognition and classification in underwater sonar images［C］. In：Proceedings of IEEE 56th Annual Conference on Decision and Control（CDC）. Melbourne，VIC，Australia：IEEE，2724-2731.

［102］Dura E，Zhang Y，Liao X J，et al. 2005. Active learning for detection of mine-like objects in side-scan sonar imagery［J］. IEEE Journal of Oceanic Engineering，30（2）：360-371.

［103］耿连欣. 2022. 基于深度学习的水下鱼类检测与种类识别算法研究［D］. 天津：天津理工大学.

［104］Zheng L，Tian，K. 2018. Detection of small objects in sidescan sonar images based on POHMT and Tsallis entropy［J］. Signal Processing，142：168-177.

［105］Maussang F，Rombaut M，Chanussot J. 2008. Fusion of local statistical parameters for buried underwater mine detection in sonar imaging［J］. EURASIP Journal on Advances in Signal Processing，2008（01）：1-19.

［106］Rebecca T，John E，John S，et al. 2010. Automatic contact detection in side-scan sonar data ［C］. In：Proceedings of 2010 IEEE International Conference on Technologies for Homeland Security（HST）. Waltham，MA，USA：IEEE，270-275.

［107］Zhu B Y，Wang X，Chu Z W. 2019. Active learning for recognition of shipwreck target in side-scan sonar image［J］. Remote Sensing，11（3）：243.

［108］汤寓麟，金绍华，边刚等. 2021. 侧扫声呐识别沉船影像的迁移学习卷积神经网络法［J］. 测绘学报，50（02）：260-269.

［109］Nguyen H T，Lee E H，Lee S. 2019. Study on the classification performance of underwater sonar image classification based on convolutional neural networks for detecting a submerged human body［J］. Sensors，20（1）：94.

［110］Feldens P，Darr A，Feldens A，et al. 2019. Detection of Boulders in Side Scan Sonar Mosaics by a Neural Network［J］. Geosciences，04：159.

［111］Tang Y，Jin S，Bian G. 2021. Shipwreck target recognition in side-scan sonar images by improved YOLOv3 model based on transfer learning［J］. IEEE Access，08：173450-173460.

［112］Tang Y，Jin S，Bian G. 2020. Wreckage target recognition in side-scan sonar images based on an improved faster R-CNN model［C］. In：Proceedings of International Conference on Big Data & Artificial Intelligence & Software Engineering（ICBASE）. Bangkok，Thailand：IEEE，348-354.

［113］Yu Y，Zhao J，Gong Q，et al. 2021. Real-time underwater maritime object detection in side-scan sonar images based on Transformer-YOLOv5［J］. Remote Sensing，13（18）：3555.

［114］汤寓麟，边少锋，翟国君. 2021. 侧扫声呐检测沉船目标的改进 YOLOv5 法［J/OL］. 武汉大学学报（信息科学版），2021-09-01：1-11. https：//doi. org/10. 13203/j. whugis20210353.

［115］Vaswani A，Shazeer N，Parmar N. 2017. Attention is All You Need［C］. In：Proceedings of the 31st Annual Conference on Neural Information Processing Systems. Long Beach，CA：NIPS，4-9.

［116］Fedus W，Zoph B，Shazeer N. 2022. Switch transformers：scaling to trillion parameter models with simple and efficient sparsity［J］. Journal of machine learning research，23（120）：1-39.

［117］Prangemeier T，Reich C，Koeppl H. 2020. Attention-based transformers for instance segmentation of cells in microstructures［C］. IEEE International Conference on Bioinformatics and Biomedicine （BIBM）. Seoul，Korea（South）：IEEE，700-707.

［118］Yang F，Yang H，Fu J. 2020. Learning texture transformer network for image super-resolution ［C］. In：Proceedings of 2020 IEEE/CVF Conference on Computer Vision and Pattern Recognition （CVPR）. Seattle，WA，USA：IEEE，5790-5799.

［119］Chen H，Wang Y，Guo T. 2021. Pre-trained image processing transformer［C］. In：Proceedings of 2021 IEEE/CVF Conference on Computer Vision and Pattern Recognition （CVPR）. Nashville，TN，USA：IEEE，12294-12305.

［120］Zhang H，Goodfellow I，Metaxas D，et al. 2019. Self-attention generative adversarial Networks［C］. In：Proceedings of the 36th International Conference on Machine Learning. California，USA：PMLR，7354-7363.

［121］ Carion N，Massa F，Synnaeve G，et al. 2020. End-to-end object detection with transformers ［C］. In: Proceedings of European Conference on Computer Vision（ECCV）. Berlin，Germany: Springer，213-229.

［122］ 汤寓麟，李厚朴，张卫东，等. 2022. 侧扫声呐检测沉船目标的轻量化 DETR-YOLO 法 ［J］. 系统工程与电子技术，44（08）: 2427-2436.

［123］ Rutledge J，Yuan W，Wu J. 2018. Intelligent shipwreck search using autonomous underwater vehicles［C］. In: Proceedings of 2018 IEEE International Conference on Robotics and Automation（ICRA）. Brisbane，QLD，Australia: IEEE，6175-6182.

［124］ Topple J M，Fawcett J A. 2020. MiNet: efficient deep learning automatic target recognition for small autonomous vehicles［J］. IEEE Geoscience and remote sensing letters，18（06）: 1014-1018.

［125］ Long J，Shelhamer E，Darrell T. 2015. Fully convolutional networks for semantic segmentation ［C］. In: Proceedings of IEEE Conference on Computer Vision and Pattern Recognition （CVPR）. Boston，MA，USA: IEEE，3431-3440.

［126］ Ronneberger O，Fischer P，Brox T. 2015. U-net: Convolutional networks for biomedical image segmentation［C］. In: Proceedings of International Conference on Medical Image Computing and Computer-Assisted Intervention-MICCAI 2015. Santiago，Chile: Springer，234-241.

［127］ Vijay B，Alex K，Roberto C. 2017. SegNet: A deep convolutional encoder-decoder architecture for image segmentation[J]. IEEE Transactions on Pattern Analysis and Machine Intelligence，39（12）: 2481-2495.

［128］ Zhao H，Shi J，Qi X，et al. 2017. Pyramid scene parsing network［C］. In: Proceedings of 2017 IEEE Conference on Computer Vision and Pattern Recognition （CVPR）. Honolulu，HI，USA: IEEE，6230-6239.

［129］ Chen L，Papandreou G，Kokkinos I，et al. 2017. Deeplab: Semantic image segmentation with deep convolutional nets，atrous convolution，and fully connected crfs[J]. IEEE Transactions on Pattern Analysis and Machine Intelligence，40（4）: 834-848.

［130］ Chen L，Zhu Y，Papandreou G，et al. 2018. Encoder-decoder with atrous separable convolution for semantic image segmentation［D］. In: Proceedings of 15th European Conference on Computer Vision （ECCV）. Munich，Germany: Springer，833-851.

［131］ Shang X，Zhao J，Zhang H. 2021. Automatic overlapping area determination and segmentation for multiple side scan sonar images mosaic[J]. IEEE Journal of Selected Topics in Applied Earth Observations and Remote Sensing，14: 2886-2900.

［132］ Yu F，Zhu Y，Wang Q，et al. 2019. Segmentation of side scan sonar images on AUV ［C］. In: Proceedings of 2019 IEEE Underwater Technology（UT）. Taiwan，China: IEEE，1-4.

［133］ Wang X，Wang H，Ye X，el at. 2007. A novel segmentation algorithm for side-scan sonar imagery with multi-object［C］. In：Proceedings of 2007 IEEE International Conference on Robotics and Biomimetics（ROBIO）. Sanya，China：IEEE，2110-2114.

［134］ Burguera A，Bonin-Font F. 2020. On-line multi-class segmentation of side-scan sonar imagery using an autonomous underwater vehicle［J］. Journal of Marine Science and Engineering，08：557.

［135］ Huo G，Yang S，Li Q，et al. 2017. Robust and fast method for sidescan sonar image segmentation using nonlocal despeckling and active contour model［J］. IEEE Transactions on Cybernetics，47（4）：855-872.

［136］ Wang H，Gao N，Xiao Y，et al. 2020. Image feature extraction based on improved FCN for UUV side-scan sonar［J］. Marine Geophysical Research，41（4）：1-17.

［137］ Zheng G，Zhang H M，Li Y Q，et al. 2021. A universal automatic bottom tracking method of side scan sonar data based on semantic segmentation［J］. Remote Sensing，13（10）：1945.

［138］ Wu M，Wang Q，Rigall E，et al. 2019. ECNet：Efficient convolutional networks for side scan sonar image segmentation［J］. Sensors，19（9）：2009.

［139］ Song Y，He B，Liu P. 2021. Real-time object detection for AUVs using self-cascaded convolutional neural networks［J］. IEEE Journal of Oceanic Engineering，46（1）：56-67.

［140］ 储昭辉. 2009. 图像压缩编码方法综述［J］. 电脑知识与技术，5（18）：4785-4787+4790.

［141］ Felix H. 2014. FlexISP：a flexible camera image processing framework［J］. ACM Transactions on Graph，33（06）：231.

［142］ Li Y，Huang J，Ahuja N，Yang M. 2016. Deep Joint Image Filtering［C］. In：Proceedings of European Conference on Computer Vision（ECCV）. Berlin，Germany：Springer，154-169.

［143］ Dabov K，Foi A，Katkovnik V. 2007. Image denoising by sparse 3D transform-domain collaborative filtering［J］. IEEE Transactions on Image Processing，16（08）：2080-2095.

［144］ Zhou W，Bovik C，Sheikh H，et al. 2004. Image quality assessment：from error visibility to structural similarity［J］. IEEE Transactions on Image Processing，13（04）：600-612.

［145］ Alain H，Djemel Z. 2010. Image quality metrics：PSNR vs. SSIM［C］. In：Proceedings of 20th International Conference on Pattern Recognition. Istanbul，Turkey：IEEE，2366-2369.

［146］ Berman B. 2013. 3D printing：the new industrial revolution［J］. IEEE Engineering Management Review，41（4）：72-88.

［147］ Alfarra M，Juan C，Anna F，et al. 2022. On the robustness of quality measures for GANs［C］. In：Proceedings of 17th European Conference on Computer Vision（ECCV）. Munich，Germany：Springer，18-33.

［148］ Zhu J，Park T，Isola P，et al. 2017. Unpaired image-to-image translation using cycle-consistent adversarial networks［C］. In：Proceedings of 2017 IEEE International Conference on Computer Vision （ICCV）. Venice，Italy：IEEE，2242-2251.

［149］Isola P，Zhu J，Zhou T，et al. 2017. Image-to-image translation with conditional adversarial networks ［C］. In: Proceedings of 2017 IEEE Conference on Computer Vision and Pattern Recognition （CVPR）. Honolulu，HI，USA：IEEE，5967-5976.

［150］Yi Z, Zhang H, Tan P, et al. 2017. DualGAN: Unsupervised dual learning for image-to-image translation ［C］. In: Proceedings of 2017 IEEE International Conference on Computer Vision （ICCV）. Venice，Italy：IEEE，2868-2876.

［151］Kim T，Cha M，Kim H,et al. 2017. Learning to discover cross-domain relations with generative adversarial networks ［C］. In: Proceedings of the 34th International Conference on Machine Learning. Sydney，Australia：ACM，1857-1865.

［152］Takayoshi Y，Hironori F，Hironobu F. 2018. Multiple skip connections of dilated convolution network for semantic segmentation ［C］. In: Proceedings of 2018 25th IEEE International Conference on Image Processing （ICIP）. Athens，Greece：IEEE，1593-1597.

［153］Hu J, Shen L, Albanie S, et al. 2018. Squeeze-and-Excitation Networks［C］. In: Proceedings of 2018 IEEE/CVF Conference on Computer Vision and Pattern Recognition. Salt Lake City，UT，USA：IEEE，7132-7141.

［154］Woo S，Park J，Lee J，et al. 2018. CBAM: Convolutional block attention module ［C］. In: Proceedings of European Conference on Computer Vision（ECCV）. Munich，Germany：Springer，3-19.

［155］Guo Y, Lao S, Liu Y, et al. 2015. Convolutional neural networks features: principal pyramidal convolution ［C］. In: Proceedings of Advances in Multimedia Information Processing-PCM 2015. Berlin，Germany：Springer，245-253.